Bernd Schmid/Nele Haasen

Einführung in das systemische Mentoring

2011

Umschlaggestaltung: Uwe Göbel
Satz: Verlagsservice Hegele, Heiligkreuzsteinach
Printed in Germany
Druck und Bindung: Freiburger Graphische Betriebe, www.fgb.de

Erste Auflage, 2011
ISBN: 978-3-89670-789-5

Bibliografische Information der Deutschen Nationalbibliothek:
Die Deutsche Nationalbibliothek verzeichnet diese Publikation in der Deutschen Nationalbibliografie; detaillierte bibliografische Daten sind im Internet über http://dnb.ddb.de abrufbar.

Carl-Auer Verlag
Vangerowstraße 14
69115 Heidelberg
Tel. 0 62 21-64 38 0
Fax 0 62 21-64 38 22
info@carl-auer.de

Inhalt

Einleitung ... 9

1 Mentoring – Nutzen und Rollen ... 14

1.1 Mentoring als begleiteter Lernprozess ... 14
Inhalte von Mentoring ... 16
Mentoring und andere Unterstützungsmethoden ... 16
Patenschaft ... 16
Coaching ... 17
Shadowing ... 19
1.2 Chancen und Nutzen für Mentees, Mentoren und Organisationen ... 19
Chancen für Mentees ... 20
Chancen für Mentoren ... 25
Nutzen für die Organisation ... 27
1.3 Formen ... 30
Informelles Mentoring ... 30
Formelles Mentoring ... 31
1.4 Zielgruppen und Anlässe ... 33
Zielgruppen in Unternehmen ... 33
Zielgruppen in anderen Programmen ... 38
1.5 Rollen von Mentoren und Mentees ... 39
Rolle der Mentoren ... 39
Ratschläge von Mentoren ... 40
Verantwortung von Mentoren (I): Aufbau und Erhalt der Kooperation ... 41
Sind Mentoren Vorbilder für ihre Mentees? ... 43
Verantwortung von Mentoren (II): Strukturierung der Mentoring-Gespräche ... 44
Aufgaben von Mentoren ... 45
Balance im Feedback bewahren ... 47
Kompetenzen von Mentoren ... 49

»Umdeutungen« der Mentoren-Rolle ... 51
Rolle der Mentees ... 52
Verantwortung von Mentees (I):
Aktivität und Initiative ... 53
Verantwortung von Mentees (II):
Selbstverantwortung ... 54
Verantwortung von Mentees (III): Umsetzung ... 55
Kompetenzen von Mentees ... 56
1.6 Ablauf von Mentoring ... 56
Themen im Mentoring ... 61
Phasen im Mentoring-Prozess ... 62
1.7 Werkzeug für Mentoren und Mentees ... 66
Vereinbarung über den Rahmen des Mentoring ... 66
Haltung in der Beratung ... 68
Weltbilder und Mentoring ... 69
Systemische Fragen für Mentoren ... 69
Checkliste für Mentees zur Vorbereitung
von Mentoring-Treffen ... 72
Unterstützung bei der Zielfindung ... 72
Dinge in der Schwebe lassen können ... 73

2 Einführung von Mentoring in Unternehmen und Organisationen ... 74
2.1 Ein maßgeschneidertes Konzept entwickeln ... 74
2.2 Umsetzung von Mentoring ... 76
Rollenklärungen ... 76
Zielgruppen ... 81
Muss ein Mentor älter sein? ... 84
Verständnis von Mentoring klären ... 84
Internes Marketing ... 85
Ressourcen und Zeit planen ... 86
Zusammenstellung der Tandems (Matching) ... 86
Planung des Rahmenprogramms ... 93
2.3 Rahmenprogramm ... 94
Auftakt ... 94
Einführungsworkshops ... 96

Elementе von Einführungsworkshops
für Mentoren ... 97
Abbau von hinderlichem Respekt ... 98
Elemente von Einführungsworkshops
für Mentees ... 99
Assoziationsübung zur Zielfindung ... 101
Feedback-Veranstaltung ... 103
Checkliste: Feedback zum Mentoring ... 105
Abschluss-Veranstaltung ... 106
2.4 Umgang mit Schwierigkeiten ... 106
2.5 Begleitende Qualifizierung von Mentoren
und Mentees ... 109
Beratungs-Know-how für Mentoren ... 109
Kleingruppencoaching für Mentoren
oder Mentees ... 110
Workshop für Mentees und Mentoren:
Umgang mit Unterschieden ... 110
2.6 Evaluation und Dokumentation ... 112
Befragungen ... 112
Wissenschaftliche Begleitung des Mentoring-
Programms ... 113
Dokumentation ... 113

3 Ausblick: Generationendialog als Möglichkeit der gesellschaftlichen Entwicklung ... 115
Umsetzung von Projekten zur Förderung
des Generationendialogs ... 116
Kaskadenprinzip ... 118

Hinweise auf Mentoring-Programme ... 120

Literatur ... 121
Über die Autoren ... 123

Einleitung

Mentoring begeistert: Mentees – die jüngeren Partner im Tandem – berichten von mehr Selbstvertrauen, von größerer Sicherheit in der Ausübung ihrer beruflichen Rolle, von besserer Einsicht in komplexe Zusammenhänge, gewachsenem Verständnis für informelle Spielregeln und etlichem weiteren individuellen Nutzen. Ebenso erleben es Mentorinnen und Mentoren. Sie erzählen von ihrer Freude, jüngere Menschen begleiten und unterstützen zu können, vom erlebten Sinn, die eigenen Erfahrungen nutzbar zu machen, von wertvollen Einsichten für ihre eigene berufliche Tätigkeit oder von der als spannend erlebten Herausforderung, sich als Berater zu engagieren.

So verwundert es nicht, dass die Zahl der Mentoring-Programme in der Wirtschaft, in Unternehmen, in Verwaltungen und an Universitäten in den letzten Jahren stark zugenommen hat. Junge Menschen werden von erfahrenen Mentorinnen und Mentoren unterstützt, sich neue Rollen zu erarbeiten, an ihrer Persönlichkeit zu feilen und mit ihrer aktuellen beruflichen Tätigkeit besser umgehen zu können. In vielen großen Unternehmen hat sich Mentoring zu einem festen Instrument der Personalentwicklung etabliert. Das liegt auch daran, dass qualifizierte jüngere Mitarbeiter Mangelware werden und Unternehmen ihnen neben interessanten Tätigkeiten und Karrieremöglichkeiten auch gute Weiterbildungsbedingungen bieten wollen. Auch für Studenten, Berufseinsteiger oder Existenzgründer gibt es inzwischen eine Fülle an Mentoring-Angeboten.

Mit dem Thema Mentoring beschäftigen wir uns seit über zehn Jahren. Wir haben Mentoring-Programme in Unternehmen und Verbänden eingeführt und umgesetzt und bieten am Institut für systemische Beratung in Wiesloch Inhouse Workshops sowie Qualifizierungen für Senior Experts an. Dabei haben wir vieles erfahren und gelernt, das zum guten Gelingen von Mentoring beitragen kann. Dieses Wissen möchten wir in diesem Buch weitergeben. Mentorinnen, Mentoren und Mentees, die sich mit ihrer neuen Rolle vertraut machen wollen, werden hier zahlreiche Ideen zur erfolgreichen Nutzung ihrer Mentoring-Gespräche finden. Das Buch kann Personalentwicklern und allen, die Mentoring in Organisationen und Verbänden einführen wollen, als Rüstzeug und Orientierung zur erfolgreichen Umsetzung von Mentoring-Programmen dienen.

Außerdem wollen wir mit diesem Buch auf bisher ungenutzte Potenziale von Mentoring aufmerksam machen. Unternehmen und Organisationen gehen jedes Jahr eine unendliche Menge an Ressourcen, Know-how, Erfahrungen und Motivation verloren, wenn Fach- und Führungskräfte aus Altersgründen aus dem aktiven Berufsleben ausscheiden. Viele von ihnen wären nicht nur bereit, dieses »unsichtbare« Kapital zur Verfügung zu stellen, sondern hätten ihrerseits eine Perspektive, um den oft als schwierig empfundenen Übergang vom Berufs- ins Privatleben sinnvoll zu gestalten. Das Institut für Systemische Beratung in Wiesloch bietet seit vielen Jahren eine Fortbildung an, die Kompetenzen für reflektierte Erfahrungsweitergabe und Beratung vermittelt. Wir sind davon überzeugt, dass solche Angebote in Zukunft eine enorme Ausweitung erleben werden, und würden Führungskräfte wie Personalentwickler gerne dazu anregen, diese noch intensiver und bewusster zu nutzen.

Folgende Fragen möchten wir in diesem Buch beantworten:

- Welches sind die entscheidenden Gestaltungselemente für die wirksame Einführung von Mentoring-Programmen?
- Welche Elemente müssen wie kombiniert werden, damit eine »kritische« Masse an positiver Erfahrung sowohl seitens der Teilnehmer als auch seitens der Organisatoren zusammenkommt?
- Wie können sich selbstlaufende Prozesse in den Tandems einerseits und eine nachhaltige Pflege durch die Organisatoren andererseits ergänzen?

- Wie können Mentees und Mentoren ihre Rollen sinnvoll gestalten?
- Welche Qualifikationen könnten die Teilnehmer, insbesondere die Mentoren, dabei unterstützen, ihre Rollen besser wahrnehmen zu können?
- Welche Perspektiven sehen wir für den Einsatz von Mentoring, besonders für die Zielgruppe der in den Ruhestand wechselnden Führungskräfte?

Im ersten Teil des Buches gehen wir darauf ein, welchen Nutzen Mentoring stiften kann und welche Chancen es aus unserer Sicht bietet. Ein kurzer Überblick über verschiedene Formen von Mentoring und mögliche Zielgruppen von Programmen erweitert unter Umständen das Verständnis für den Einsatz dieser Methode. Wer die Einführung eines Mentoring-Programms erwägt oder überlegt, sich als Mentorin, Mentor oder Mentee an einem Programm zu beteiligen, kann hier Entscheidungshilfen und Anregungen erhalten.

Außerdem stellen wir Bezüge zu anderen Unterstützungsformen her und gehen ausführlich auf die Rollen von Mentoren und Mentees ein. Das richtet sich vorrangig an (potenzielle) Mentees und Mentoren. Wir hoffen, ihnen dabei helfen zu können, für sich zu klären, wie sie ihr persönliches Mentoring gestalten können. Wir geben dafür keine »How-to-do«-Anleitungen, denn jedes Mentoring kann anders organisiert werden. Wie die Rollen konkret verstanden und ausgeübt werden, ist von den individuellen Vereinbarungen zwischen Mentor und Mentee abhängig. Hier wollen wir die Bandbreite der möglichen Rollengestaltungen darstellen.

Für die Umsetzung in die Praxis ist das Kapitel »Ablauf von Mentoring« gedacht, in die unsere Erfahrungen aus vielen Tandems, die wir begleitet haben, einfließen. Der Abschnitt kann Tandems dabei unterstützen, gemeinsam einen passenden Rahmen für das eigene Mentoring zu diskutieren und zu klären. Schließlich haben wir in einem weiteren Kapitel ganz konkrete »Werkzeuge« zusammengestellt, die Mentoren dabei helfen können, ihre Beraterkompetenz zu erweitern, Gespräche gut zu strukturieren oder ihr Repertoire an Fragen zu erweitern. Mentees finden Unterstützung bei der Klärung ihrer Themen und Ziele für das Mentoring sowie bei der Vor- und Nachbereitung der Treffen.

Der zweite Teil des Buches richtet sich an alle, die ein Mentoring-Programm organisieren und umsetzen wollen: Personalentwickler, aber auch Trainer und Berater könnten daraus Gewinn ziehen. Hier fließen unsere Erfahrungen aus der Beratung vieler Mentoring-Programme in Unternehmen, Verbänden und Verwaltungen ein. Wir gehen auf die wichtigsten Schritte bei der Organisation eines Mentoring-Programms ein, auf Bausteine, aus denen Einführungs-Workshops, Feedback- und Abschlussveranstaltungen für Mentees und Mentoren bestehen können, sowie auf den Umgang mit möglichen Stolpersteinen, die im Verlauf eines solchen Programms auftreten können. Auch hier ist es nicht unser Wunsch, »fertige« Rezepte zu präsentieren, sondern Anregungen und Erfahrungen weiterzugeben, die zum »Kochen des eigenen Süppchens« hilfreich sein können. Erfahrungsgemäß findet jede Organisation im Verlauf der Zeit zu ihrem ganz eigenen Mentoring-Programm, das zu ihr und ihrer Kultur passt.

Schließlich stellen wir als Ausblick dar, welche weiteren Perspektiven Mentoring haben könnte, aufbauend auf den vielen bereits erfolgreichen Initiativen und Programmen. Wir glauben, dass das Potenzial von Mentoring noch stärker ausgeschöpft werden kann, und geben dazu Denkanstöße und Impulse.

Unser Buch ist sehr praxisnah gedacht, mit vielen konkreten Übungen und Erfahrungen aus unserer Praxis. Diese sollen auch zum Experimentieren einladen, sodass sie zur Situation und auch zum Stil dessen, der sie umsetzt, passen. Wissenschaftliche Studien und Berichte zum Mentoring sind in unserem Buch nicht zu finden. Ebenso haben wir aus Platzgründen darauf verzichtet, einzelne Mentoring-Projekte näher darzustellen. Wir zitieren zwar immer wieder Beispiele, stellen aber keine Fallbeispiele ausführlicher dar. Wer daran Interesse hat, kann dies gerne auf den Internetseiten des Instituts für Systemische Beratung (www.systemische-professionalitaet.de) und von Nele Haasen (www.nelehaasen.de) nachlesen.

Wir haben uns entschieden, für die bessere Lesbarkeit überwiegend die männliche Form (Mentor, der Mentee) im Buch zu verwenden. Für uns ist es selbstverständlich, dass alles in diesem Buch Gesagte für Männer und Frauen gleichermaßen gilt.

Wir wünschen unseren Leserinnen und Lesern viel Spaß beim Lesen, hoffentlich gute und brauchbare Anregungen und eine erfolgreiche und Freude bereitende Umsetzung in ihren individuellen Mentoring-Beziehungen oder bei der Organisation eines Mentoring-Programms.

1 Mentoring – Nutzen und Rollen

1.1 Mentoring als begleiteter Lernprozess

Mentoring bezeichnet einen individuellen Lernprozess, in dem eine erfahrene Person (Mentor oder Mentorin) eine weniger erfahrene Person (Mentee) über einen längeren Zeitraum in »Vier-Augen-Gesprächen« berät. Das können punktuelle Begegnungen sein, bis hin zu systematischen, in regelmäßigen Abständen geführten Gesprächen. Ziel ist es, für persönliche und berufliche Themen und Fragestellungen individuelle Lösungen zu finden und den Mentee in seiner persönlichen Entwicklung zu unterstützen.

Der Mentor ist eine Person, die in den Bereichen, in denen der Mentee etwas lernen will, umfassende Erfahrungen hat und bereit ist, diese empathisch für die Beratung eines Mentee zu nutzen. Der Mentee will persönlich lernen. Er stellt sich Fragen über sich, sein Wirken und sein berufliches Umfeld. Er will lernen, sich und sein Umfeld infrage zu stellen und seinen Blick für neue Sichtweisen zu öffnen.

Mentoring ist ein Lernprozess: Mentees können mithilfe ihres Mentors individuell neue Perspektiven annehmen, die sie dabei unterstützen, sich selbst – in Teilen – neu zu erfinden, zu ergänzen oder anders zu steuern. Mentoren fördern sie in einer ihrer Eigenart entsprechenden integren Entwicklung. Gemeinsam finden beide heraus, an welchen Facetten seiner Persönlichkeit der Mentee noch feilen kann. Mentoren können ihre Mentees auch in Vorgehensweisen, Haltungen und Werten bestärken. Sie können sie auf Stärken aufmerksam machen, die ihnen nicht als solche bewusst sind, und mit ihnen gemeinsam überlegen, wie sie diese noch intensiver nutzen können.

Mentoring orientiert sich damit an dem bewährten Prinzip der Pädagogin Maria Montessori: »Hilf mir, es selbst zu tun.«

Es bedeutet nicht, dass ein Mentee Fragen stellt und ein Mentor die passende Antwort parat hat. Der Mentee entscheidet, was und wie er etwas verändern will. Der Mentor steuert seine Erfahrungen und sein Urteilsvermögen bei, abgestimmt auf die Person und die Situation des Mentee. Er sollte weniger Ratschläge geben oder sich für Lösungen verantwortlich fühlen als zuhören, Fragen stellen und die Wirklichkeit des Mentee verstehen und hinterfragen.

Damit dieser Austausch gelingt, brauchen Mentoren neben ihrer vorhandenen professionellen Erfahrung auch Kompetenzen, um die Gespräche steuern, sich und ihre Rolle im Mentoring reflektieren und ihre eigenen Sichtweisen immer wieder hinterfragen zu können. Das kann durch Qualifikationen, die im Mentoring-Prozess angeboten werden, vertieft werden. Es wäre von Vorteil, wenn Mentoren die Bereitschaft hätten, diese Kompetenzen bei sich zu reflektieren und zu erweitern. Insofern stellt Mentoring einen Lernprozess für beide Seiten dar, die miteinander und voneinander lernen können.

Mentoring bietet den Mentees die Möglichkeit, anhand konkreter Beispiele aus dem Berufsleben zu lernen. Anhand von einzelnen Situationen, die der Mentee mit dem Mentor durchspricht, kann der Mentee Erkenntnisse, Bestärkung und Selbstvertrauen für andere vergleichbare Situationen gewinnen.

Erfahrungsgemäß ist dieser Lernprozess umso intensiver, je häufiger und regelmäßiger die Gespräche geführt werden. In den meisten Mentoring-Programmen bleiben die Tandems für ein Jahr zusammen. Ihnen wird empfohlen, sich in Abständen von vier bis sechs Wochen zu treffen. Das ist durchaus sinnvoll, da das Lernen, die Umsetzung von Erkenntnissen, das Gewinnen neuer Erfahrungen und Verhaltensänderungen Zeit brauchen. Häufige Treffen tragen auch dazu bei, dass Mentee und Mentor besser zusammenwachsen, das Vertrauen zwischen ihnen wächst und die Intensität der Gespräche zunimmt. Natürlich ist das nicht immer umsetzbar oder von den Tandems nicht in dieser Form gewünscht. Auch weniger häufige Treffen können von großem Nutzen sein. Wie viele Treffen machbar sind und dem Mentee bzw. dem Mentor sinnvoll erscheinen, muss jedes Tandem individuell entscheiden.

Inhalte von Mentoring

- Erfahrungsaustausch und Weitergabe von informellem Wissen – da, wo es gebraucht wird und individuell Sinn stiftet
- individuelle Beratung zu beruflichen Fragestellungen des Mentee; die Möglichkeit zum Lernen anhand von Beispielen aus dem Berufsalltag
- Feedback zur Person
- Einblick in andere Hierarchieebenen oder andere Bereiche und Unternehmen
- persönliche Unterstützung und Ermutigung
- Unterstützung beim Netzwerkausbau für den Mentee
- Vertiefung beraterischer Kompetenzen und Sinnstiftung aufseiten des Mentors

Mentoring und andere Unterstützungsmethoden

Es gibt vielfältige Methoden, anderen Menschen im beruflichen Rahmen Unterstützung anzubieten. Mentoring zählt hierzu, ebenso wie Patenschaften, Coaching oder kollegiale Beratung. Wir halten es für wenig hilfreich, sie randscharf und fein säuberlich voneinander abzugrenzen. Jede Methode hat einen Kernbereich, in dem sie eine besondere Wirkung entfalten kann. Doch gibt es Gemeinsamkeiten und Überlappungen an den Rändern.

Patenschaft

In einer Patenschaft geht es im Kern darum, jüngeren Menschen Orientierung zu bieten: Sei es, dass sie neu in einer Organisation sind, sei es, dass sie eine neue Rolle, etwa einen Berufseinstieg, anstreben und Orientierung in der Fülle der Möglichkeiten suchen. Ein Pate kann seinem »Protegé« erste Kontakte vermitteln, ihn in verschiedenen Abteilungen vorstellen, räumliche und organisatorische Orientierung bieten. Er ist Ansprechpartner, um Informationen zu erhalten, die jemand braucht, um sich in einem neuen Umfeld oder einer neuen Situation zurechtzufinden.

Eine Patenschaft ist damit etwas loser als Mentoring, der Austausch ist beendet, wenn die betreute Person Orientierung gefunden hat. Am Rande können in einer Patenschaft auch Themen Platz finden, die die Persönlichkeit des »Patenschaftsnehmers« betreffen. Das hängt von dem Vertrauen ab, das sich zwischen beiden bildet, und letztlich von ihrer Übereinkunft über die Ziele und Inhalte ihrer Treffen.

Coaching

Immer wieder stellen Mentoren in Einführungsworkshops etwas beunruhigt die Frage, ob denn nun von ihnen erwartet würde, dass sie als Coach agieren. Die mitschwingende Sorge ist, dass die Themen zu persönlich werden und zu tief gehen und sie der Aufgabe nicht gewachsen sein könnten. Der Übergang zwischen Coaching und Mentoring ist durchaus fließend. Coaching an sich ist allerdings schon eine erklärungsbedürftige Profession, die vielfältige Tätigkeiten umfassen kann – von der Führungskraft, die als Teil ihrer Aufgabe ihre Mitarbeiter coachen soll, bis zur Lebensberatung. Um den Bezug von Mentoring zum Coaching zu erläutern, beziehen wir Coaching hier auf eine professionelle Beratung für Berufstätige, die ihnen helfen kann, ihre beruflichen Funktionen besser auszufüllen oder persönliches als einschränkend erlebtes Verhalten, Einstellungen oder Werte zu hinterfragen und zu ändern. Somit ist Coaching dem Mentoring ziemlich ähnlich, denn um solche Themen geht es im Mentoring auch. Sicherlich kann der Mentor den Mentee aufgrund seiner beruflichen Erfahrungen in vielen, oben bereits skizzierten Themen beraten, ermutigen und stützen. Grenzen findet das Mentoring oft da, wo immer wiederkehrende Muster, »blinde Flecken« oder hemmende Einstellungen einer Verhaltensänderung durch den Mentee im Wege stehen. Manchen Mentoren gelingt es in solchen Fällen, gemeinsam mit dem Mentee etwas Neues zu entwickeln. Viele sehen hier eine Grenze, die sie bewusst nicht überschreiten wollen, um keinen

»Schaden« beim Mentee anzurichten. Letztlich ist es eine gemeinsame Einschätzung des Mentors und des Mentee und abhängig von ihrer Übereinkunft miteinander, welche Themen in welcher Tiefe Platz in ihren Mentoring-Gesprächen finden.

Coachs sind Spezialisten, sei es für Persönlichkeitsentwicklung, sei es mit einer Fachkompetenz für Organisationsentwicklung, Marketing, persönlichen Auftritt, »Karriere«, Vereinbarkeit von Beruf und Familie oder andere Themen. Nicht jeder Coach ist in jedem Gebiet versiert. Ein Coach ist aber meist Spezialist im Hinterfragen von Wechselwirkungen, inneren Mustern, Beziehungsdynamiken, organisatorischen Zusammenhängen – je nachdem, worauf sein Fokus liegt. Dafür hat er Handwerkszeug gelernt, das seine Beratungskompetenz stärkt. Mentoren können solches Handwerkszeug ebenso erlernen, aufgrund ihres anderen beruflichen Fokus meist jedoch nur in geringerem Umfang. Viele Mentoren übernehmen aber genau deshalb gerne diese Rolle, weil sie ihre Beratungskompetenzen durch die Gespräche selbst und durch im Rahmen von Mentoring-Programmen angebotene Workshops erweitern wollen.

Mentoren erhalten kein Honorar, sondern die für Mentoren übliche Währung: Würdigung, Anerkennung innerhalb der Organisation und eine meist sehr vertraute persönliche Beziehung. Auch das hängt von der Entwicklung im Tandem ab. Häufig hören wir, dass die innere Verbundenheit und der wechselseitige Austausch über persönliche Erfahrungen und prägende Erlebnisse aus dem beruflichen Werdegang im Mentoring intensiver erlebt werden als im Coaching. Das liegt sicher auch daran, dass ein Mentor in der Regel nur einen, höchstens zwei Mentees betreut und diesen Austausch im Gegensatz zu anderen beruflichen Begegnungen als persönlich sehr eindringlich erlebt. Einem Coach ist schon aus Verdienstgründen daran gelegen, möglichst viele Coachees zu betreuen, sodass sich das Erlebnis der persönlichen Anteilnahme auf eine Vielzahl von Menschen verteilt (vgl. hierzu Schmid, 2004).

Shadowing

Mentoring wird – um wieder einen englischen Begriff zu bemühen – gelegentlich auch lediglich als Shadowing (Begleitung) verstanden. Damit ist gemeint, dass eine Nachwuchskraft einem Manager für eine bestimmte Zeit bei Terminen, Besprechungen oder Veranstaltungen über die Schulter schaut, mit der Möglichkeit, das Beobachtete anschließend gemeinsam zu besprechen. Solche Programme dauern meistens ein oder mehrere Wochen. Sie sollen dem Nachwuchsmanager vermitteln, wie in oberen Hierarchiestufen gearbeitet und verhandelt wird. Das ist sinnvoll – es ist aber eben nur eine Facette des Mentoring. Shadowing kann durchaus ein Teil von Mentoring sein: Auch im Rahmen des Mentoring-Prozesses kann es sinnvoll sein, dass der Mentee den Mentor zu einzelnen Meetings oder Veranstaltungen begleitet, um Einblicke in das Geschehen oberer Führungsetagen zu erhalten. Shadowing kann aber auch umgekehrt erfolgen: Denn auch für den Mentor kann es interessant sein, seinen Mentee in dessen beruflichen Umfeld zu erleben und ihm Feedback zu geben, wie er ihn dabei erlebt. Nebenbei erhält der Mentor zusätzlich Einblicke und Informationen über Abläufe und Themen in einer anderen Hierarchieebene, die für seine eigene Führungstätigkeit interessant sein können. Shadowing ist aber nicht immer möglich, denn nicht jeder Mentor und nicht jeder Mentee kann – oder möchte – das arrangieren. Für das Mentoring kann es eine fruchtbare Ergänzung sein, aber auch ohne Shadowing kann Mentoring sehr erfolgreich wirken.

1.2 *Chancen und Nutzen für Mentees, Mentoren und Organisationen*

Mentoring wird meist als Programm für Mentees verstanden – die ja auch tatsächlich davon profitieren. Doch auch für die Mentoren und für die Organisation entsteht ein beachtlicher Nutzen. Viele Chancen von Mentoring erscheinen uns überdies noch wenig genutzt. Dabei können Themen des Mentoring so vielfältig sein wie das Berufsleben überhaupt. Breite und Tiefe der Inhalte ergeben sich aus den Persönlichkeiten der Beteiligten und aus dem Umfeld. Nachfolgend sollen hier einige typische Perspektiven von Mentoring beleuchtet werden.

Chancen für Mentees

Entwicklung der Persönlichkeit

Im Dialog mit ihrem Mentor können Mentees folgende Aspekte reflektieren und Strategien zur Veränderungen erarbeiten:

Selbststeuerung: Mentoring kann dazu beitragen, dass der Mentee sich selbst und die Motive seines Verhaltens erkennt und besser versteht. Er kann Verhaltensalternativen für schwierige Situationen entwickeln und erarbeiten, die dann zu einer konstruktiven Zusammenarbeit mit den Menschen in seinem beruflichen Umfeldbeitragen können.

Gezielter Einsatz der eigenen Stärken: Dazu gehört, dass ein Mentee herausfindet, wo seine beruflichen Stärken liegen und wie er diese zum Einsatz bringt. Es ist nicht selbstverständlich, dass einem Mentee seine besonderen Talente und Stärken bewusst sind. Möglicherweise zollt er sich in diesen Bereichen zu wenig Respekt und überfordert andere, von denen er gleiches als normal erwartet. Wenn jemand z. B. schnell begreift und leicht Ideen für eine Umsetzung hat, kommt er nicht auf die Idee, dass man Dinge mehrfach erklären und Umsetzungen sorgfältig besprechen muss. Im Vordergrund sollte weniger das Beseitigen oder die »Reparatur« vermeintlicher Schwächen stehen – auch das kann sinnvoll sein. In erster Linie sollten die Mentoring-Gespräche der Förderung des Potenzials, dessen sinnvoller Ergänzung und der persönlichen Sinnstiftung des Mentee dienen und ferner einen Beitrag zur Stärkung von dessen persönlicher und beruflicher Identität darstellen.

Verstehen der eigenen Wirkung: Die Gespräche über das Wirken des Mentee in seinem Umfeld können dazu beitragen, dass dem Mentee seine eigene Wirkung auf andere Menschen aus der Perspektive des Mentors gespiegelt wird. Er kann verstehen, was er – unbewusst und vielleicht ungewollt – auf andere Menschen ausstrahlt. Dann kann er erarbeiten, was davon er verstärken, begrenzen und was er verfeinern möchte. Sein Mentor kann ihm Feedback für die Arbeit an sich selbst geben, unter Umständen ergänzt durch direkte Beobachtungen in beruflichen Situationen.

Reflexion der eigenen Rolle: Häufig nehmen Mentees gerade eine neue Rolle ein (erste Tätigkeit, erste Führungsposition o. a.). Die Gespräche mit einem Mentor helfen ihnen, sich diese Rolle individuell zu eigen zu machen, zu verstehen, welche Erwartungen mit ihr verbunden sind, und zu überlegen, wie Mentor und Mentee selbst diese Rolle ausfüllen möchten und können. Gemeinsam können solche Rollen beleuchten und hinterfragen, wie diese mit der Persönlichkeit und im beruflichen Umfeld gestaltet werden können.

Verantwortungsklärungen: Gerade engagierte Mentees neigen dazu, sich selbst mehr Verantwortung zuzuschreiben bzw. sich übertragen zu lassen, als sie ihrer Position gemäß ausfüllen können. Hier ist Hilfe beim Umgang mit eigenen Verpflichtungsgefühlen und Ambitionen nötig, ebenso wie Hilfe dabei, komplementäre Verantwortlichkeiten mit anderen abzuklären bzw. deren Verantwortungsübernahme in Anspruch zu nehmen (vgl. Schmid u. Messmer 2005, S. 48 ff.).

Erweiterung der Problemlösungsstrategien

Mentees lernen in den Gesprächen die Perspektiven, Herangehensweisen und Fragestellungen ihrer Mentoren in Bezug auf die geschilderten Situationen kennen. Das kann ihre bisherigen Problemlösungsstrategien wesentlich ergänzen. Hierfür ist sinnvoll, wenn der Mentor konsequent Situationen hinterfragt und zur Sprache bringt, welche Fragen dem Mentee – in dessen Rolle – für seine Selbststeuerung hilfreich sein könnten. Ist das Mentoring beendet, so hat der Mentee sein eigenes Repertoire an Fragen und Reflexionen erweitert.

Lernen anhand von Beispielen

All diese Aspekte erarbeitet sich der Mentee über Beispiele, die er aus seinem beruflichen Alltag in die Mentoring-Gespräche einbringt. Das bietet ihm unmittelbare Hilfestellung beim Umgang mit diesen Situationen. Mit der Frage: »Wofür ist dies ein Beispiel?« wird darüber hinaus angeregt, Erkenntnisse allgemeiner Art zu gewinnen. Dies ist besonders wichtig, wenn der Mentee dazu neigt, Beispiele aneinanderzureihen, ohne dabei seine Steuerung zu reflektieren. Andere Mentees neigen umgekehrt eher dazu, in Prinzipien zu denken, diese aber nicht unbedingt in reale Situationen zu übersetzen. Hier sind Konkretisierungsfragen wichtig: »Wie zeigt sich dies konkret?«, »Wer tut wann was?«, »Wie lässt sich dieser Gedanke in Verhalten umsetzen?«.

Mehr Verständnis für das Umfeld und das »große Ganze«
Der andere Blickwinkel ihrer Mentoren verhilft Mentees dazu, ihr berufliches Umfeld in einem anderen Licht zu betrachten und besser zu verstehen. Häufig berichten Mentees, dass sie durch die Gespräche mit ihren Mentoren mehr Verständnis für die Ziele der Organisation, den Beitrag einzelner Bereiche dazu sowie für organisatorische Zusammenhänge in ihrer Organisation gewonnen haben. Meist stehen für junge Menschen zunächst die eigene Person, die eigenen Ideen und das eigene Verhalten im Vordergrund. Der Mentor kann dazu beitragen, dass sie über diesen Rahmen hinaus blicken, das würdigen, was bereits da ist, und ihren eigenen Beitrag im Kontext der Organisation besser einschätzen können.

Mehr Verständnis für die Organisation bedeutet auch, die kulturelle Entwicklung der Organisation besser zu verstehen. Mentoren haben im Laufe ihres Berufslebens »informelles« Wissen über Strukturen, informelle Spielregeln und geltende Grundüberzeugungen in ihrer Organisation gewonnen, die sie – je nach Situation – ihren Mentees vermitteln können. Gemeinsam können sie herausfinden, was der Mentee braucht, um eine bessere Passung in eine bestehende Gemeinschaftskultur zu erreichen (vgl. Schmid u. Messmer 2005, S. 26 ff.). Unter Umständen stellt ein individuelles Anderssein des Mentee für die Organisation eine lohnenswerte Ergänzung dar, die aber – wenn sie vom Umfeld als zu gegensätzlich empfunden wird – nicht als bereichernd angesehen wird (z. B. ein teamorientierter Führungsstil in einem sehr hierarchischen Unternehmen). Hier kann ein Mentee mit einem erfahrenen Mentor besprechen, wie er seine individuelle Unterschiedlichkeit konstruktiv in sein Umfeld einbringen kann, ohne »Abstoßungsreaktionen« zu erzeugen.

Mehr Verständnis für die Organisation insgesamt bekommen Mentees auch dadurch, dass sie durch ihren Mentor einen Einblick in eine höhere Hierarchieebene erhalten. Das kann, muss sich aber nicht immer innerhalb des gleichen Unternehmens abspielen: Für einen jungen freiberuflich arbeitenden Journalisten kann es beispielsweise interessant sein zu erfahren, mit welchen Themen, Entscheidungen und Herausforderungen sich ein Redaktionsleiter einer Tageszeitung auseinandersetzen muss. Das gibt ihm eine bessere Grundlage, um zu entscheiden, ob eine solche Position für ihn interessant ist oder nicht. Und es gibt ihm mehr Verständnis für die Perspektive von Redaktionsleitern, mit denen er in seinem freiberuflichen Alltag unter Umständen zu tun hat.

Stärkung des Selbstbewusstseins

Das vertrauensvolle Gespräch mit dem Mentor zeigt dem Mentee, dass es »normal« ist, sich Fragen zu stellen, unsicher zu sein oder manchmal nicht weiterzuwissen. Der Mentor kann ihm spiegeln, dass nicht nur er bestimmte Schwierigkeiten und Unsicherheiten hat, sondern dass diese in seiner Lebensphase und beruflichen Situation normal sind und sich solche Fragen auch andere Menschen in verschiedenen Phasen ihres Berufslebens immer wieder stellen. Das wird von den Mentees häufig mit Erleichterung registriert und macht sie frei dafür, sich mit Kollegen auszutauschen und Lösungen zu finden. Mentoring ist für Mentees eine Gelegenheit, sich »Rückenstärkung« von Mentoren zu holen, und sei es »nur« dadurch, dass der bereits anvisierte Weg auch dem Mentor plausibel erscheint. Mentoren sollten wohlwollende Unterstützer sein, die Anteilnahme und Wertschätzung für die Themen, das Erleben von Herausforderungen, das Ringen um Lösungen und das Bemühen des

Mentee um eine gute Umsetzung bieten können. Damit wird oft ein Kontrapunkt zur wenig ausgeprägten Anerkennungskultur in vielen Organisationen gesetzt. Die Bedeutung von Bestärkung und »Absegnung« wird in unserem Kulturraum generell häufig unterschätzt.

Diskussionen über den Karriereweg

Die Lernerfolge durch das Mentoring befähigen die Mentees meist zu weiteren Schritten auf ihrem individuellen Karriereweg. Ziel des Mentoring ist aber nicht, dass der Mentee in dieser Zeit einen nächsten Karriereschritt macht. Es geht nicht darum, dass er eine neue Position bekommt, sondern dass er die Fähigkeiten erwirbt, eine solche ausfüllen zu können. Mentoren, die einen Karriereschritt ihres Mentee als Maßstab für den Erfolg des Mentoring betrachten, laufen Gefahr, damit ihren eigenen Ehrgeiz zu befriedigen.

Hilfreicher für den Mentee sind Gespräche darüber, was der Mentee unter einer persönlichen Karriere versteht, wie diese angestrebte Laufbahn zu seinen Stärken passt und was er über die Organisation und ihre Spielregeln wissen muss, um nächste Schritte in Angriff zu nehmen. Mentees dann zu ermutigen, selbst gewählte Karriereschritte anzugehen, ist eine angemessene Aufgabe für Mentoren. Auch können Überlegungen hilfreich sein, wann man den nächsten Schritt anstreben sollte. Die damit verbundenen Herausforderungen und Gratifikationen sind wertvolle Bestandteile sinnvoller Berufslebenswege. Wenn sie zu früh angegangen oder vertrödelt werden, kann ein Verlust an Erfolg und/oder Lebensqualität entstehen. Insbesondere kann der Mentor auf mögliche Überanstrengung, die heute immer öfter zum Burn-out führt, und auf Ausbeutung bzw. Selbstausbeutung zulasten anderer Lebensbereiche hinweisen.

Netzwerke

Das Vermitteln von Netzwerken, besonders unter dem Aspekt der Karriereförderung, gehört nicht unbedingt zum Kernbereich des Mentoring. Wo es möglich ist und dem Mentee als sinnvoll erscheint, ist es eine schöne Ergänzung. Es kann für Mentees hilfreich sein, wenn ihnen der Mentor ein Gespräch mit einer Person vermittelt, die bei einem Thema, das den Mentee beschäftigt, beschlagener oder erfahrener ist, als der Mentor selbst. So vermittelte beispielsweise ein Abteilungsleiter seiner Mentee ein Gespräch mit einer Teamleiterin, da dies die Position war, die die Mentee für sich als nächsten Schritt anvisierte. Die Teamleiterin schilderte ihr, mit welchen Themen und Herausforderungen sie umzugehen hat. Das ergänzte für die Mentee die Wahrnehmung dieser Position aus der Perspektive des Abteilungsleiters. Die Auswertung des Gesprächs mit der Teamleiterin und der Bezug zur beruflichen und persönlichen Situation der Mentee fanden dann wieder im Rahmen der Mentoring-Gespräche statt.

Ebenso sinnvoll wie das Vermitteln der Kontakte selbst kann es sein, sich über das Vernetzen an sich zu unterhalten. Junge Menschen halten ihre beruflichen Kompetenzen meist für ausschlaggebend für den beruflichen Erfolg und unterschätzen den Einfluss des Umfelds, von Spielregeln und von strategischem Vorgehen. Insgesamt sind heute immer mehr andere Faktoren erfolgsentscheidend als fachliche Kompetenz im engeren Sinne (Schmid u. Gérard 2011; Schmid 2007, Kap. 2.6). Deshalb kann es interessant sein, den Einfluss von persönlichen Netzwerken sowie deren Aufbau und Pflege zu diskutieren. Erfahrungsgemäß spielt dieser Themenbereich im Mentoring aber eher eine untergeordnete Rolle. Viele Tandems berichten, dass sie über diesen Aspekt wenig diskutiert haben und die Mentoren selbst dazu keine ausgefeilten Strategien haben.

Chancen für Mentoren

Mentoring kommt nicht nur den Mentees zugute, auch die Mentoren profitieren. Viele haben in ihrem Berufsleben selbst Unterstützung durch Ältere erfahren – oder genau dies in jüngeren Jahren vermisst. Ihnen ist bewusst, dass sie für sich selbst eine ganze Menge aus dem Mentoring ziehen können.

Zufriedenheit und Wertschätzung

Mentoren macht es oft Spaß, jüngere Menschen ein Stück auf ihrem Weg zu begleiten. Berufliche Beziehungen sind häufig oberflächlich und wenig vertrauensvoll. Im Mentoring können Beziehungen entstehen, die die Menschen innerlich berühren und zum Vertrauen zwischen den Generationen beitragen. Vergangene schwierige Erfahrungen erhalten nachträglich Sinn, wenn sie Jüngeren als Erfahrung mitgeteilt werden können, und lassen sich bei dieser Gelegenheit oft auch aufarbeiten und innerlich abschließen. Mentoren fühlen sich durch ihre Berufung zum Mentor in ihren Erfahrungen zudem von ihrer Organisation gesehen und gewürdigt. Sie stärken innerhalb ihres Unternehmens ihren Ruf als vorbildhafte Professionelle. Führungskräfte empfinden es überwiegend als Ehre (und nicht als Belastung), wenn sie um die Übernahme einer Mentorenschaft gebeten werden.

Selbstreflexion

Die Fragen und Themen der Mentees regen Mentoren meist dazu an, den eigenen beruflichen Werdegang bewusst zu reflektieren und eigene berufliche Ziele und Verhaltensweisen zu hinterfragen. Sie erfahren von ihren Mentees oft ohne Beschönigung, vor welchen Fragestellungen diese stehen, mit welchem Verhalten ihrer Vorgesetzten sie Schwierigkeiten haben, wo Verantwortlichkeiten für sie ungeklärt sind usw. In dieser Offenheit schildern ihnen ihre eigenen Mitarbeiter ihre Sorgen und Nöte meist nicht. Daraus ziehen viele Mentoren Rückschlüsse auf die Situation ihrer eigenen Mitarbeiter und stellen ihre eigene Führungstätigkeit infrage.

Immer wieder gibt es auch Mentoren, die ihren Mentee um gezieltes Feedback zu eigenen Führungssituationen bitten: sei es, dass der Mentee sie begleitet und ihr Verhalten in bestimmten Situationen beobachten kann, oder aber, dass der Mentor dem Mentee Beispiele aus seinem Führungsalltag schildert und um dessen Einschätzung bittet. Das kann für beide Seiten interessante Erkenntnisse bieten. Allerdings sollten die Angelegenheiten des Mentors nicht die Mentoring-Gespräche bestimmen, sondern eine gelegentliche Ergänzung darstellen.

Weitere Anregungen für ihre Führungstätigkeit erhalten Mentoren, indem sie die Kultur, Abläufe und Strukturen ihres eigenen Unternehmens oder Bereichs mit dem des Mentee vergleichen. Sie können daraus Verbesserungsmöglichkeiten ableiten oder mehr Zufriedenheit mit den Möglichkeiten und Grenzen des eigenen Systems erlangen.

Nutzen für die Organisation

Der letztgenannte Aspekt verweist auf einen weiteren Nutzen: Nicht nur die am Mentoring Beteiligten selbst profitieren, sondern auch die Organisation als Ganzes.

Internes Wissensmanagement

Das vorhandene interne Wissen erfahrener Führungskräfte wird im Mentoring Jüngeren zugänglich gemacht. Oft genug bleibt dieses, im Englischen treffend »silent knowledge« genannte, Wissen ungenutzt und geht, sobald die Führungskraft in den Ruhestand wechselt, der Organisation unwiederbringlich verloren. Damit kann Mentoring andere Maßnahmen des internen Wissensmanagements gerade in Bezug auf informelles Wissen ergänzen. Auch für Verbände ist die Organisation von Mentoring-Programmen nützlich, weil die im Verband versammelten Erfahrungen von älteren Mitgliedern an jüngere weitergegeben werden. Beide Seiten erkennen so auch einen weiteren Nutzen in ihrer Mitgliedschaft.

Gemeinsame Verantwortung für Potenzialträger

Mentoring fördert die bereichs- oder standortübergreifende Übernahme von Verantwortung für Nachwuchskräfte der Organisation und somit die Übernahme von Verantwortung für Belange, die das ganze Unternehmen angehen. Personalentwicklung wird damit nicht an einzelne Stellen im Unternehmen delegiert, die das zu »erledigen« haben, sondern gemeinsam mit diesen übernommen. Mentoren können den für Personalentwicklung

Verantwortlichen wertvolle Hinweise über Talente und notwendige weitere Qualifizierungen geben. Solche Gespräche können auch Anlass sein, gemeinsam über Erwartungen und Qualitätsanforderungen an den Führungsnachwuchs nachzudenken.

Transfer

Das Grundproblem von Trainings und Workshops ist der Transfer der gewonnenen Erkenntnisse und der ermittelten Orientierungen in den beruflichen Alltag. Mentoring kann hier eine wertvolle Unterstützung bieten. Die Gespräche mit dem Mentor können Mentees dazu verhelfen, die Erkenntnisse in ihren Alltag zu übertragen und Strategien zu entwickeln, wie sie mit auftretenden Schwierigkeiten umgehen können. So hatte ein Mentee etwa in einem Führungstraining die wesentlichen Ursachen für einen schon lange sich hinziehenden Konflikt zweier Mitarbeiter seines Teams erkannt. Gemeinsam mit seinem Mentor arbeitete er über ein Vierteljahr daran, wie er in Gesprächen und Maßnahmen zur Beilegung des Konflikts und zur realistischen Zusammenarbeit der Mitarbeiter beitragen könnte.

Die wenigsten Erkenntnisse aus Workshops lassen sich sofort auf den Arbeitsalltag übertragen. Meist lernt man durch Ausprobieren, Rückschläge und neue Versuche, was wie umsetzbar ist und wo Grenzen des Machbaren erreicht werden. Die kontinuierliche Begleitung des Mentee im Mentoring kann diesen Transferprozess erleichtern.

Arbeitsplatznahes Peer-Learning

Transferprobleme sind oft eine Folge arbeitsplatzferner Bildungsmaßnahmen. Immer häufiger gewinnt die Einsicht Gewicht, dass die meiste Qualifikation ohnedies bei der Arbeit stattfindet. Hier entstehen weniger Transferprobleme als die Frage, welches Know-how integriert werden muss, wo dieses zu finden ist und mit wem man sich kollegial beraten kann, um zu einem praxisspezifischen Zuschnitt zu kommen. Hier kann der Mentor sowohl aus seiner Fachkenntnis als auch aus der Funktions- und Organisationskenntnis heraus Orientierung geben. Insofern ist Mentoring ein Beitrag zu arbeitsplatznahem kollegialem Lernen, das wiederum die Kooperationskultur verbessern hilft.

Bindung an das Unternehmen
Mentees und auch Mentoren sind durch die persönliche, individuelle Beziehung im Mentoring meist zusätzlich motiviert. Mentoren fühlen sich in ihren Erfahrungen gewürdigt, junge Leistungsträger werden an das Unternehmen gebunden, wenn sie merken, dass das Unternehmen sie entwickeln und halten will. Mentoring wird auch als Instrument gesehen, um Unternehmen und Organisationen nach außen attraktiv für potenzielle Nachwuchskräfte oder – aus Verbandssicht – attraktiv für (potenzielle) Mitglieder zu machen. Um talentierte junge Menschen anzuziehen, müssen Unternehmen heute interessante Weiterentwicklungsmöglichkeiten bieten. Für Bewerber ist es durchaus ein Kriterium, wie sich die Organisation um ihre Nachwuchskräfte bemüht und welche Angebote sie zur Weiterbildung macht.

Beitrag zur Kulturentwicklung
Mentoring-Programme sind immer auch ein Hinweis auf eine Unternehmenskultur, die mit dem Programm befördert werden soll: Kooperation, Offenheit, gemeinsame Verantwortung, gegenseitige Unterstützung und hierarchieübergreifender Austausch sind deren Merkmale. Mentoring kann eine solche Kultur sicherlich verstärken – Kulturträger, die die Organisation bereits hat, können als Mentoren wirken und Vorbildwirkung entfalten.

Mentoring braucht aber auch eine Vertrauenskultur, um Wirkung entfalten zu können. In einem Umfeld, das von Misstrauen und starker Abgrenzung geprägt ist, wird auch Mentoring mit der Unterstellung belegt sein, dass es nicht zur Entfaltung der Persönlichkeit, sondern zu deren Anpassung an Interessen anderer beitragen soll. Die eigentlich nötige Offenheit der Mentees ist dann verständlicherweise beschränkt.

Mentoring alleine kann keine offene und vertrauensvolle Kultur erzeugen. Doch es kann helfen, Räume für gegenseitiges Vertrauen, Verständnis und Förderung zu schaffen bzw. zu kultivieren. Somit bietet es eine Form an, durch die vorhandene Bedürfnisse zum Ausdruck gebracht werden können. Wenn der Zeitgeist reif ist, kann daraus eine breitere Strömung weiterer Unternehmenskulturentwicklung werden.

1.3 Formen

Mentoring ist in seinem Wesen weniger durch die jeweilige Form definiert als durch den Geist, der dadurch entwickelt und transportiert werden soll. Unterschiedliche Formen haben eher damit zu tun, wer es organisiert und aus welchen Organisationen Mentees und Mentoren kommen.

Informelles Mentoring

Ein Mentee kümmert sich hier in eigener Initiative darum, einen passenden Mentor für sich zu finden und ihn für ein Mentoring zu gewinnen. Dabei sollten die Auswahlkriterien, nach denen ein Mentor gewählt wird, weniger dessen Position und Image sein. Status des Mentors bedeutet nicht gleichzeitig Erfolg des Mentee. Die heimliche Hoffnung, im Windschatten des Mentors zum Erfolg zu segeln, erfüllt sich meist nicht. Kriterien für die Auswahl sind unter dem Kapitel »Zusammenstellung der Tandems (Matching)« (vgl. S. 86) dargestellt.

Natürlich kann die Initiative auch umgekehrt vom Mentor ausgehen. Ein Mentor kann sich auch einem jüngeren Menschen als ein solcher anbieten, wenn er diesen für förderungswürdig hält. Dauer des Mentoring und Regelmäßigkeit der Treffen beruhen in beiden Fällen ausschließlich auf den Vereinbarungen zwischen den beiden. Da es keinen offiziellen Abschluss des Mentoring gibt, muss das Tandem beim informellen Mentoring immer wieder überprüfen, ob die Fortdauer der Treffen noch für beide sinnvoll ist. Beide müssen sich in ihren Rollen wohlfühlen und diese als passend empfinden.

Formelles Mentoring
In formellen Mentoring-Programmen wird die Mentoring-Beziehung von einer Institution, einem Netzwerk oder einem Unternehmen vermittelt. Die Programme laufen über viele Jahre, und aus den gewonnenen Erfahrungen werden Standards und Programme entwickelt. Mentees und Mentoren werden zunehmend systematisch betreut und qualifiziert. In formellen Programmen unterscheidet man wiederum zwischen internem und externem Mentoring:

Internes Mentoring
An internen Mentoring-Programmen nehmen Mentees und Mentoren aus derselben Organisation teil. Sie befinden sich jedoch in keiner direkten abhängigen Arbeitsbeziehung. Der Mentor oder die Mentorin sollte nicht in die Situation kommen, den Mentee als Vorgesetzter oder in sonst einer Form beurteilen zu müssen. Ein Mentee würde sich nur begrenzt mit seinen Schwierigkeiten und Fragestellungen öffnen, wenn er wüsste, dass er im Anschluss von seinem Mentor in Hinblick auf Leistung, Karriereschritte oder Gehalt bewertet werden wird. Am besten sorgt man für Abstand in der Organisation. Zum Beispiel kann der Mentor zwei Hierarchiestufen über dem Mentee und möglichst nicht in derselben Linie angesiedelt sein, oder er kommt aus einem anderen Bereich. Dass der Mentor fachlich mit dem Gebiet des Mentee wenig vertraut ist, stört meist nicht, denn im Mentoring geht es, wie dargestellt, um Themen wie Persönlichkeitsentwicklung, Kooperation, Strategien. Diese Themen ähneln sich in den unterschiedlichen Unternehmensbereichen, egal ob es sich um Produktion, Marketing, Vertrieb oder technischen Service handelt. Fachliche Nähe kann sogar eher dazu verführen, sich darin zu »verlieren« und, z. B., die persönlichen Themen nicht anzugehen.

Vorteile interner Mentoring-Programme
Ein interner Mentor kennt die Strukturen und Spielregeln in der Organisation besser als ein Mentor, der aus einer anderen Or-

ganisation kommt. Er kennt die Geschichte und Kultur des Unternehmens und kann Ereignisse und Erlebnisse des Mentee vor diesem Hintergrund sicherlich manchmal besser einordnen. Er kann dem Mentee signalisieren, wenn Reaktionen von Kollegen oder Vorgesetzten eher typischen Verhaltensweisen in der Organisation als spezifisch der Person des Mentee zuzuschreiben sind. Außerdem lernt der Mentee mit einem internen Mentor wahrscheinlich mehr über die organisatorischen Zusammenhänge in seinem Unternehmen, deren Wachsen und Veränderungen in der Vergangenheit, als von einem externen Mentor.

Beispiele für interne Mentoring-Programme finden sich inzwischen in fast allen DAX- und vielen weiteren Unternehmen, die meist für junge Nachwuchsführungskräfte, immer wieder auch für die Zielgruppe Frauen in ersten Führungspositionen oder für andere Zielgruppen Mentoring-Programme aufgelegt haben.

Wichtige Aspekte in der Organisation von internen Mentoring-Programmen werden in Teil 2 beschrieben.

Vertraulichkeit

Essenziell in internen Programmen ist das Vertrauen innerhalb des Tandems. Für beide Seiten muss gewährleistet sein, dass persönliche Themen nicht nach außen dringen. Es ist gut, wenn das vonseiten der Programm-Organisation betont wird und jedes Tandem in seinen eigenen Vereinbarungen Vertraulichkeit abspricht. Erfahrungsgemäß ist dies den Teilnehmern aber sehr bewusst und deshalb selten Anlass für Schwierigkeiten. Doch sollte man auch keine unrealistischen Diskretionsvorstellungen hegen. Es gehört zur Umsicht in Unternehmen, dass man entscheidet, wem man sich womit anvertraut. Sich hier unbedacht vertrauensselig zu verhalten kann leicht zu unerwarteten bei Licht betrachtet, jedoch nicht überraschenden Enttäuschungen führen. Damit soll nicht vor dem Risiko zu vertrauen gewarnt werden, doch »blindes« Vertrauen ist oft der Einstieg in »blindes« Misstrauen. Angemessenes Vertrauen gehört zu den Kompetenz- und Lernfeldern – auch in Unternehmen.

Externes Mentoring
Hier kommen Mentor und Mentee aus unterschiedlichen Unternehmen. Eine externe Organisation (wie z. B. ein Berufsverband, ein Beratungsunternehmen oder eine Universität) bringt beide zusammen und organisiert das Mentoring sowie ein Begleitprogramm.

Vorteile externer Mentoring-Programme sind:

- Es entsteht unter Umständen schneller ein Vertrauensverhältnis zwischen Mentor und Mentee, da keine hierarchischen Verbindungen bestehen und kein »Ausplaudern« zu befürchten sind.
- Der Mentee bekommt neue Anregungen und Impulse aus der »best practice« und der Kultur eines anderen Unternehmens.
- Die Auswahl an Mentoren für die Mentees ist größer, sodass mehr Chancen für eine Passung bestehen.
- Auch kleine und mittelständische Unternehmen können auf diesem Weg Mentoring-Programme auflegen.

Cross-Mentoring
Cross-Mentoring ist eine Sonderform des externen Mentoring: Verschiedene Unternehmen organisieren gemeinsam ein Mentoring-Programm. Ein Mentee erhält einen Mentor aus einem der anderen beteiligten Unternehmen. Das hat die gleichen Vorteile wie in externen Programmen. Hinzu kommt, dass die Unternehmen selbst entscheiden können, mit welchen anderen Unternehmen sie einen Austausch von Mentees und Mentoren für sinnvoll halten.

1.4 Zielgruppen und Anlässe

Zielgruppen in Unternehmen

Junge Führungskräfte
In Unternehmen und Verwaltungen sind die größte Zielgruppe von Mentoring-Programmen junge Führungskräfte, die neu in diesen Rollen sind. Beim Wechsel von der Mitarbeiterrolle in

die Führungsrolle ergeben sich viele Fragen. Die neue Rolle und die damit verbundenen Beziehungsperspektiven müssen verstanden, Know-how und Verständnis der Organisation aus dieser Perspektive neu formuliert werden. Ein eigener Führungsstil muss gefunden werden, und die neue Situation, nach oben und nach unten in Führungsbeziehungen zu stehen, wirft erfahrungsgemäß viele Fragen auf. In dieser ungewohnten Rolle Unterstützung durch eine erfahrene Führungskraft zu bekommen, wird so gut wie immer als wertvoll empfunden.

Trainees

Eine weitere häufige Zielgruppe sind Trainees, die meist im Rahmen eines Schulungsprogramms einen Mentor an die Seite gestellt bekommen. Das ist sinnvoll, um sie mit der Organisation, den Spielregeln, den Netzwerken und der Kultur des Unternehmens vertraut zu machen und hilft ihnen, ihre Rolle zu finden. Sie erhalten Feedback über ihre Wirkung und bezüglich ihrer persönlichen Entwicklung während der ersten ein oder zwei Jahre ihrer Berufstätigkeit. Hierzu können Mentoren eingesetzt werden, die bereits einige Jahre Erfahrung in Führungsfunktionen haben, aber noch nicht in mittleren oder oberen Führungspositionen stehen, oder eventuell Absolventen von Mentoring, die sich gerne anschließend als Mentoren engagieren würden. Sie können sich durch die altersbedingte Nähe noch gut in die Fragestellungen der Trainees einfühlen. Umgekehrt ist der Respekt ihnen gegenüber bei Trainees nicht so groß wie gegenüber Führungskräften aus dem mittleren oder gar oberen Management – was Vor- und Nachteile haben kann.

Weitere Zielgruppen

Expatriots: Auch Mitarbeiter und Führungskräfte, die zukünftig einige Zeit im Ausland verbringen, werden immer wieder in Mentoring-Programmen betreut. Es ist sicherlich sinnvoll, ihnen Unterstützung für ihr Eintauchen in eine andere Kultur zu bieten. Neue Situationen, auf die sie nicht vorbereitet waren, können besser bewältigt werden. Während ihres Aufenthalts in einem anderen Land wird eine vertrauensvolle Verbindung in das Mutterunternehmen geboten.

Mitarbeiter, die eine Fachkarriere anstreben: Unternehmen und Verwaltungen wollen häufig auch Mitarbeiter fördern, die keine Führungslaufbahn, sondern eine Fachkarriere anstreben. Auch für sie kann Mentoring in vielen der oben beschrieben Aspekten hilfreich sein. Meist sind sich die Tandems in ihrer fachlichen Ausrichtung näher, damit der Mentor die fachlichen Entwicklungschancen des Mentee besser beurteilen und diesen sachkundiger beraten kann. Die besondere Herausforderung für solche Tandems besteht darin, immer wieder abzuklären, inwieweit es sinnvoll ist, über Fachthemen zu sprechen, und wo weitere Themen wie Persönlichkeit, Kooperation, Konfliktbewältigung, Finden der eigenen Rolle, Klären von Verantwortlichkeiten usw. für den Mentee wichtiger sind. Mentoring nicht auf Fachsimpelei zu reduzieren ist erfahrungsgemäß schwieriger, wenn sich die beiden Mentoring-Partner gewohnheitsgemäß über fachliche Themen und Kenntnisse definieren. Unter Umständen ist es hilfreich, Mentoren hier mehr begleitende Qualifikation anzubieten.

Frauen in (ersten) Führungspositionen: Viele Mentoring-Programme zielen auf die Förderung von Frauen in ersten Führungspositionen: Unternehmen, Verwaltungen, Verbände, Universitäten, kirchliche oder soziale Einrichtungen sahen Mentoring als Mittel, um Frauen sichtbarer zu machen, ihnen den Umgang mit Macht näher zu bringen. Das mag einzelne Erfolge gebracht haben. Immer wieder aber tritt ein eigentlich nicht gewünschter Effekt auf: Frauen betrachten sich in diesen Programmen nicht als Potenzialträgerinnen, sondern als Randgruppe, die eine Förderung »nötig« hat – obwohl es das Unternehmen ist, das die kompetenten Frauen und, für deren Vorankommen, mehr Chancengleichheit benötigt. Frauenförderung wurde nicht als ein Problem des Systems gesehen, sondern als Schwierigkeit einer Personengruppe. Wenn diese Gruppe qualifiziert wird, dann soll sich das Problem lösen. Fehlende Chancengleichheit ist jedoch ein Systemproblem und lässt sich nur durch die Qualifizierung des Systems lösen. Mentoring verändert nicht die Rahmenbedingungen für Frauen-Karrieren (»Ausfall« wegen Mutterschaft, unflexible Arbeitszeiten, fehlende Betreuungsangebote, männlich geprägte Kultur in Organisationen usw.). Mentoring kann in systematischen Programmen für mehr Chancengleichheit ein Baustein sein – es bedarf jedoch noch weiterer Maßnahmen, um strukturelle und kulturelle Rahmenbedingungen zu verändern. Denn häufig berichten Frauen, die als Mentees an speziell für Frauen organisierten Mentoring-Programmen teilgenommen haben, dass ihr Umfeld skeptisch bis abwertend reagiert hat. Sie begegneten in Unternehmen dem Neid und Unverständnis männlicher Kollegen und empfanden eine Teilnahme oft eher als Ausgrenzung. Manchen Frauen macht das nichts aus, andere erzählen gar nicht erst von ihrer Teilnahme am Mentoring. Und für eine dritte Gruppe ist dies ein Grund, gar nicht erst an einem solchen Programm teilzunehmen. Das anvisierte Ziel, nämlich das Verhältnis zwischen Männern und Frauen zu normalisieren, wird so eher konterkariert.

Viele Unternehmen sind dazu übergegangen, gemischte Programme für Männer und Frauen anzubieten und darauf zu achten, dass Frauen in diesen Programmen angemessen oder übermäßig repräsentiert sind. Das kann nicht zu erfüllenden Erwartungen bezüglich Chancengleichheit und Ablehnung bei Teilnehmern und Umfeld entgegenwirken.

Mitarbeiter im Ruhestand

Jedes Jahr verlässt eine große Zahl an kompetenten Menschen ihre Unternehmen und Organisationen, um in den Ruhestand zu gehen. Damit gehen der Organisation meist auch ihr Knowhow, ihre Erfahrungen und ihre Kontakte unwiederbringlich verloren. Viele fühlen sich zu jung, um aus der Berufswelt auszusteigen, und viele von ihnen wären sicherlich gerne als Mentoren tätig. Sie würden sich gerne engagieren, ohne im Geschirr bestimmter Organisationszwänge bleiben zu müssen. Viele ausscheidende Berufstätige haben Interesse an einem neuen Themenkreis oder an einem inspirierenden neuen Engagement, aber nur wenige finden zu einem Neuanfang. Dies kann auch schwierig sein, wenn ein solcher völlig losgelöst von bisherigen Selbstverständnissen, Erfahrungen und Kompetenzen versucht wird. Umgekehrt könnten viele Unternehmen ausscheidenden Mitarbeitern eine Perspektive des Gebrauchtwerdens, des Neubeginns und der Zugehörigkeit mit auf den Weg geben. Sie könnten dazu beitragen, dass ältere Mitarbeiter den Ruhestand nicht als krassen Übergang in ihr – bis dato oft zugunsten des Berufs vernachlässigtes – Privatleben empfinden, sondern sich auch danach noch gebraucht und wertgeschätzt fühlen, wenn sie das wollen. Doch bisher gibt es kaum geeignete Formen dafür.

Eine Mentoring-Weiterbildung als Übergangsqualifikation in die neue Rolle als Mentor – oder als Abschiedsgeschenk für eine neue gesellschaftliche Rolle – könnte in mehrfacher Hinsicht nützlich sein. Es könnte sich daraus ein neues Zusammenspiel mit wechselseitigem Nutzen ergeben, weshalb es sich auch für beide Seiten lohnt, Zeit und Ressourcen zu investieren. Vermutlich wäre dies auch für beide Partner die bessere Alternative zu manchem Versuch, den erlittenen Verlust durch hohe Abfindungen zu kompensieren.

Für den Aufbruch in eine neue Lebensphase sind Rück- und Neubesinnungen bezüglich des Berufslebens im Rahmen von Mentoring-Weiterbildungen eine Chance, mit Befriedigungen und Enttäuschungen umzugehen und Jüngere aus einer versöhnten Haltung daran konstruktiv Anteil nehmen zu lassen. Manchen Beteiligten könnte dies als »Ausklang« der Berufsphase genug sein, andere könnten damit in ihrer Organisation, in ihrer Branche oder in ihrem Gesellschaftssegment zu neuen Rollen und Engagements finden.

Als Mentoren wären diese agilen Ruheständler eine wertvolle Bereicherung für interne wie externe Mentoring-Programme. Mehr Mentees könnten in Mentoring-Programmen gefördert werden, wenn eine größere Auswahl an Mentoren bereitstünde. In vielen Unternehmen die Betreuung der Mitarbeiter in Führungsbeziehungen unzureichend. Nur einem kleinen Teil kommen bezahlte Maßnahmen (wie etwa Coaching) oder zusätzlich zum Tagesgeschäft von Führungskräften geleistetes Mentoring zugute. Kollegiale Beratungen sind nicht üblich. Zusätzliche Mentoring-Verhältnisse könnten die unterversorgte persönliche Betreuung ergänzen.

Zielgruppen in anderen Programmen

Studentinnen und Studenten

In vielen Mentoring-Programmen von Universitäten oder anderen Trägern sind Studenten die Zielgruppe. Ihnen soll der Übergang vom Studium ins Berufsleben durch die Begleitung von Mentoren erleichtert werden. In vielen Programmen sollen insbesondere Frauen für das Studium und den Berufseintritt in Bereiche ermutigt werden, in denen sie bisher wenig vertreten sind. Mit weiblichen Mentoren will man ihnen Vorbilder bieten, wie sich dort auch Frauen erfolgreich behaupten können. Prinzipiell ist Mentoring für Studentinnen und Studenten hilfreich. Bezüglich des Studentendaseins bietet sich Mentoring durch ältere Studenten beim Studienbeginn an. Auch hier ist der Nutzen nicht nur auf der Seite der Mentees, sondern für die Mentoren entsteht ebenso ein wichtiger Qualifizierungs- und Sozialisationseffekt. Gerade in Zeiten, in denen das Abharken von Leistungsnachweisen immer dominierender wird, tun solche organisierten Gemeinschaftsdienste gut. Der Wunsch, sich auf das Berufsleben vorzubereiten, steigt, je näher das Studienende rückt. Daher ist Mentoring bezüglich des Übergangs in die Berufspraxis für Studenten in höheren Semestern effektiver. Hier bietet es sich an, junge Berufstätige als Mentoren einzuladen, die diesen Übergang vor nicht allzu langer Zeit geschafft haben und die entsprechenden Themen und Fragestellungen noch gut kennen.

Existenzgründer und junge Selbstständige

Einige Projekte, die oft von Bildungseinrichtungen oder Berufsverbänden organisiert sind, stellen jungen Existenzgründern oder jungen Selbstständigen Mentoren an die Seite. Initiativen wie die *Business Angels* oder die *Senior Experts* unterstützen Existenzgründer vorrangig fachlich mit betriebswirtschaftlichem Know-how oder beteiligen sich finanziell an deren Vorhaben. In Mentoren-Programmen werden junge Existenzgründer mit erfolgreichen Unternehmern verbunden, um sie bei Themen wie persönliches Auftreten, persönlicher Umgang mit Krisensituationen, Umgang mit Kunden und Geschäftspartnern, Zeitplanung und Selbstmanagement zu unterstützen. Diese Aspekte sind für das Gelingen einer Existenzgründung ebenso wichtig wie ein Businessplan und die finanziellen Ressourcen.

1.5 Rollen von Mentoren und Mentees

Eine wichtige Voraussetzung für das Gelingen von Mentoring ist ein miteinander abgestimmtes Rollenverständnis. Das schafft Klarheit über die Erwartungen aneinander und an den Prozess. Jeder Mentor und jeder Mentee wird seine jeweilige Rolle mit eigenem Leben füllen und eigene Akzente setzen. Eine Rolle ist immer auch Ausdruck der Persönlichkeit mit einer ganz dem Individuum eigenen Färbung. Im Folgenden beschreiben wir Wesensmerkmale der jeweiligen Rollen von Mentoren und Mentees.

Zu einer Rolle gehört die Verantwortung, die eine Person mit dieser Rolle zu übernehmen bereit ist. Viele Konflikte rühren daher, dass Verantwortungen nicht geklärt sind oder nicht übernommen werden. Aus der Verantwortung heraus ergeben sich die Aufgaben, die konkret zu bewältigen sind, um der Verantwortung gerecht zu werden.

Und schließlich muss sich jeder Rollenträger bewusst machen, welche Kompetenzen (im Sinne von Fähigkeiten) er bereits hat oder durch Qualifikationen erwerben muss, um Verantwortung und Aufgaben übernehmen zu können.

Rolle der Mentoren

Häufig haben Mentoren das Gefühl, sie müssten aufgrund ihrer Erfahrungen und ihres Wissens die Fragen des Mentee beantworten können. Das wird oft gar nicht erwartet und ist auch nicht unbedingt hilfreich. Der Mentee hat die Verantwortung, eine Lösung für sein Problem zu finden, und der Mentor begleitet ihn dabei. Der Mentor weiß es nicht unbedingt besser – er ist nur geübter im Problemlösen. Vor diesem Hintergrund ist er dem Mentee dabei behilflich, eigene, persönlich passende Lösungen zu finden.

Ratschläge von Mentoren

Ob ein Ratschlag des Mentors für einen Mentee in seinem Umfeld passend und hilfreich ist – das kann nur der Mentee selbst entscheiden. Wenn Mentoren Ratschläge geben wollen, ist es gut zu fragen, ob und wie weitgehend diese gewünscht sind und als nützlich für die Situation des Mentee empfunden werden. Erkenntnisse der Hypnotherapie legen nahe, dass das Streuen von Ideen sogar eher wirksam ist als direkte Anweisungen oder Behauptungen. Was irgendwie stimmt und seelisch bedeutsam ist, wirkt auch, wenn es nicht sofort bestätigt oder umgesetzt wird.

Auf Ratschläge zu verzichten hilft auch, ungute Verwicklungen zu vermeiden: Angenommen, der Mentor würde einen konkreten Ratschlag erteilen, der sich für den Mentee aber als nicht brauchbar erweist oder mit dem er in seinem Kontext Schiffbruch erleidet. Er käme beim nächsten Gespräch auf den Mentor zu (vielleicht unangenehm berührt, vielleicht leicht vorwurfsvoll) und müsste ihm vermitteln, dass dessen Vorgehensweise für ihn leider nicht passend war. Der Mentor wird sich wahrscheinlich schlecht fühlen, weil er »versagt« hat, oder (innerlich) dem Mentee die Schuld geben, weil der es eben nicht »richtig« umgesetzt hat. Das kann leicht vermieden werden, wenn der Mentor seine Idee als gedankliches »Probehandeln« vorträgt und gemeinsam mit dem Mentee erkundet, welcher Lösungsweg für diesen infrage kommt.

In komplizierten Situationen können aber manchmal ein Ratschlag und seine Befolgung als Experiment wirken. Mit einem Ratschlag kann der Mentor sein »Bauchgefühl« in Handlung umsetzen. Wenn nicht offenkundig erkennbar ist, welche Implikationen und Konsequenzen damit verbunden sind, sollten zumindest beide gemeinsam prüfen, welche Chancen und Gefahren damit verbunden sind. Der Mentee muss sich entscheiden, die Risiken in Kauf zu nehmen. Später kann dann aufgrund der Erfahrungen überlegt werden, was im Ratschlag implizit transportiert wurde, was der Mentee davon übernehmen und wie er profitieren kann.

Verantwortung von Mentoren (I): Aufbau und Erhalt der Kooperation

Eine wichtige Verantwortung von Mentoren ist es, das Finden eines passenden Rahmens für das Mentoring zu moderieren und so das Tandem »arbeitsfähig« zu machen. Ziel ist es, ein Kooperationssystem aufzubauen, in dem sich beide mit ihren Erwartungen und Vorstellungen wiederfinden, und dass sie beide professionell miteinander arbeiten können.

Vereinbarungen treffen und kontinuierlich auf Gültigkeit überprüfen

Jedes Tandem sollte sich von Anfang an miteinander über die Ziele des Mentoring, die jeweiligen Rollen und Erwartungen und die gemeinsamen Vorgehensweisen verständigen. Für den Start ist es gut, zunächst ein gemeinsames Gerüst zu definieren, in dem einfach mal angefangen werden kann (eine Checkliste zu diesem Vereinbarungsgespräch findet sich auf S. 66) Das Tandem sollte seine entstehende Mentoringbeziehung aber nicht auf das reduzieren, was beide am Anfang formulieren. Das kann eine Beziehung flach und technisch machen, wobei viel Hintergründiges unausgesprochen bleibt, aber trotzdem wirkt. Beziehungen leben auch von intuitiven Prozessen, die erst allmählich erkennbar werden. Jeder für sich und beide gemeinsam sollten aufmerksam für solche hintergründigen Strömungen sein und sich darüber austauschen. Deshalb ist es gut, die anfänglichen Vereinbarungen im Laufe des Mentoring immer wieder auf Gültigkeit zu überprüfen. Dadurch stabilisiert sich ein gemeinsamer Rahmen, in dem beide Seiten die Sicherheit haben zu wissen, was der Andere von ihnen erwartet und was »erlaubt« ist.

Selbstreflexion des Mentors
Mentoren sollten ihre eigene Vorgehensweise gelegentlich hinterfragen und prüfen, wie sich ihr eigenes Wirklichkeitssystem von dem des Mentee jeweils unterscheidet. Bei der Beratung ist nicht entscheidend, was der Mentor für richtig hält, wie er eine Situation einschätzt oder was er unternehmen würde. Entscheidend ist, dass er versteht, was der Mentee für richtig hält, wie dieser eine Situation einschätzt und was er unternehmen würde. Zunächst muss der Mentor den Mentee verstehen, erst dann kann er ihn beraten. Dafür muss er trennen zwischen seiner eigenen Wahrnehmung der Wirklichkeit und der Wahrnehmung durch den Mentee. Interessante Fragen zur Selbstreflexion könnten sein:

- Was bringe ich von mir ein?
- Was verstehe ich unter bestimmten Begriffen (z. B. »Konflikt«), was der Mentee?
- Was weiß ich über den Mentee und seine Situation?
- Welche Annahmen bilde ich aus welchen Gründen?
- Wie gehe ich bei der Beratung vor, und was löse ich beim Mentee damit aus? Was ist hilfreich, was nicht?
- Was hat sich in der Zwischenzeit beim Mentee (in seinem Denken/Fühlen) verändert?

Der Mentor hat die Verantwortung, seine Vorgehensweise immer wieder zu hinterfragen und sich zu prüfen, ob er den Mentee tatsächlich in dessen Möglichkeiten versteht oder von dessen persönlichen Vorstellungen und Handlungsoptionen ausgeht. Wünschenswert ist, dass er das »System Mentee« zu verstehen versucht: seine Person, seine Vorstellungen, seine Möglichkeiten, seinen Kontext – und dass er das »System« des Mentee nicht mit dem eigenen »System« verwechselt. Er lässt damit dem Mentee das Gefühl, anders sein zu dürfen und sich nicht dem Mentor anpassen zu müssen.

Zur Selbstreflexion gehört auch die Sensibilität dafür, nicht Wasser zu predigen, aber Wein zu trinken. Das gelebte berufliche Verhalten des Mentors darf seinem beraterischen Anspruch an den Mentee nicht allzu sehr hinterher hinken.

Aufbau und Erhalt einer Feedbackkultur über das Mentoring

Um herauszufinden, was gut läuft (und das zu würdigen) und was verbesserungsfähig ist, muss sich das Tandem regelmäßig darüber austauschen. Dieses Feedback über das Mentoring sollte der Mentor initiieren. Viele Mentees haben zu viel Respekt vor ihren Mentoren, um offen zu sagen, was sie gut und was sie nicht so gut finden. Je regelmäßiger und selbstverständlicher das Feedback in die Mentoring-Gespräche eingebaut wird, desto leichter lassen sich Missverständnisse, Irritationen über die Rollengestaltung oder Unzufriedenheit über den Ablauf der Gespräche ansprechen. Am leichtesten ist es, wenn nach jedem Gespräch gefragt wird:

- Was war gut? Was hat geholfen?
- Was hat irritiert/musste offen bleiben?
- Welchen Nutzen hat das Mentoring-Gespräch für beide Seiten gestiftet?
- Was war für den Mentor/Mentee motivierend?
- Was könnte verbessert/ausprobiert werden? Wie kann das konkret aussehen?

Sind Mentoren Vorbilder für ihre Mentees?

Ein Mentor muss seinem Mentee (geistig und emotional) attraktiv erscheinen, damit dieser sich auf den Lernprozess einlässt. Er muss den Mentor in seinen Erfahrungen, seinen grundsätzlichen Überzeugungen, Werten und Verhaltensweisen respektieren, sonst wird er ihn nicht als Berater akzeptieren. Verführerisch ist es für beide Seiten, den Mentor zum Ideal zu erheben. Der Mentor muss sich gleichzeitig als Vorbild so relativieren, dass der

Mentee ihn nicht idealisiert. Das gelingt durch das ehrliche Eingehen des Mentors auf eigene Schwierigkeiten und Fehlschläge in seinem Streben und dem Umsetzen seiner Werte. Wichtig ist es, den Mentees zu erzählen, wie lange der Mentor selbst um die heutige Gestalt seiner selbst gerungen hat, wie langsam seine Fortschritte waren, wie oft er Rückschläge erleben musste, wie oft er sich vergeblich angestrengt hat, wie viele Durststrecken auch zu seiner Laufbahn gehörten und wie oft Erfolge manchmal einfach Ergebnis günstiger Umstände waren. Das sollte ebenso Platz haben, wie die Erfolge, die persönlichen Fortschritte, die Einsichten und Strategien, die immer wieder zum beruflichen Erfolg geführt haben. Vermittelt (und sich selbst bewusst gemacht) werden kann auch, dass die heute stimmig erscheinende Geschichte des Berufslebens nicht unbedingt die erlebten, tatsächlichen Prozesse widerspiegelt, sondern oft eher eine im Nachhinein gefügte Erzähl-Version darstellt. Vorbild sein heißt, sich so gut wie möglich nachvollziehbar zu machen, mit seinen Brüchen ebenso wie mit seinen Erfolgen.

Verantwortung von Mentoren (II): Strukturierung der Mentoring-Gespräche

In der Verantwortung des Mentors liegt es auch, die Mentoring-Gespräche so zu moderieren, dass das Lösungen gefunden werden können. Nach Möglichkeit sollte der Mentee aus einem etwa zweistündigen Gespräch mit Erkenntnissen und möglichst auch mit konkreten Ideen und Vorhaben herausgehen, die er bis zum nächsten Gespräch umsetzen kann. Der Mentor behält die zeitliche Struktur des Gesprächs im Auge und leitet durch die einzelnen Phasen, die wie folgt aussehen können:

Thema festlegen

Das Thema des Mentee ist immer wieder so zu dimensionieren, dass es in zwei Stunden zu bearbeiten ist. Am besten schildert der Mentee eine konkrete Situation, an der sich sein Problem oder seine Frage zeigt und anhand der er das Thema bearbeiten kann. Manchmal sind Themen zu »groß« und müssen in kleinere Themen unterteilt werden. Setzt sich jemand beispielsweise zum Ziel, sein Zeitmanagement zu verbessern, dann muss hinterfragt werden, in welchen Situationen, mit welchen Menschen, bei welchen Themen usw. er sich eine Verbesserung wünscht und wie diese konkret aussehen soll. Das ermöglicht das Finden individueller Lösungen und verhindert allgemeine Lehren.

Verstehen und Erkunden
Der Mentor stellt dem Mentee Fragen zu den Hintergründen, bis er selbst genau verstanden hat, warum der Mentee das Problem hat und was dieser bzw. sein Umfeld dazu beitragen, um es aufrechtzuerhalten. Seine Erfahrungen mit dem Thema fließen in Frageform ein. Ziel ist das Verstehen (»Was haben Sie schon versucht, um das Problem zu lösen?«) und nicht schon das Nahelegen von Lösungen in Frageform (»Haben Sie schon mal XX versucht?«). (Hilfreiche systemische Fragen finden sich auf S. 70.)

Feedback geben und Optionen entwickeln
Jetzt geht es darum, dem Mentee Feedback zu geben, wie dessen Verhalten auf den Mentor wirkt, und mit ihm gemeinsam Optionen zu entwickeln oder versuchsweise eigene Lösungsideen anzubieten. Am Ende stehen manchmal eine Erkenntnis, manchmal konkrete Vorstellungen über nächste Schritte. Aufgabe des Mentors im ganzen Prozess ist es, immer wieder auf ein bewältigbares Anliegen zurückzukommen und Abschweifungen zu begrenzen (z. B. durch eine Frage wie: »Was könnte in den verbleibenden 15 Minuten hilfreich sein?«). Sonst könnten beide von Hölzchen auf Stöckchen kommen und stundenlang zusammensitzen. Das bringt die Lösung des Problems meist nicht näher.

Aufgaben von Mentoren
Fragen stellen, einfühlend verstehen
Hauptaufgabe von Mentoren ist es, Fragen zu stellen, die den Mentee zum Nachdenken bewegen und im positiven Sinne ir-

ritieren. Die Fragen können dem Mentee dazu verhelfen, seine bisherige Art und seine Umwelt anders wahrzunehmen und zu beurteilen und neue Perspektiven einzunehmen, die zu einem anderen Verständnis für sich und sein Umfeld und zu neuen Erkenntnissen führen. Der Mentor hört einfühlend zu und versucht, den Mentee zu verstehen, ohne sich mit ihm zu identifizieren (»Ich versuche das mal so zu verstehen. Ob ich das teilen würde, lassen wir erst einmal offen«). Entscheidend ist dabei die Haltung: Der Mentor unterstellt dem Mentee immer gute Gründe, aus denen er so handelt oder eine bestimmte Sicht der Dinge gewonnen hat, und versucht, diese Gründe herauszufinden und zu verstehen. Nicht hilfreich ist abwertende Belehrung, die sich in Fragen verkleidet (»Ja, glauben Sie wirklich, dass Sie so jemanden überzeugen können?«). Oft ziehen Mentoren (vor) schnell Parallelen zu selbst erlebten Situationen, die bei näherer Betrachtung aber doch recht unterschiedlich sind. Deshalb gilt es zu verstehen, was das Spezifische an der Situation des Mentee ist, und mit ihm gemeinsam zu hinterfragen, welche Lösung für den Mentee geeignet und vorstellbar wäre.

Feedback geben, Verhalten spiegeln

Eine weitere Aufgabe von Mentoren ist das Feedback-Geben. Das bedeutet zum einen, dem Mentee zu spiegeln, wie dessen Erzählung oder dessen Vorgehensweise auf den Mentor wirkt: »Wenn Sie mir erzählen, wie Sie sich in diesem Konflikt verhalten haben, wirkt das auf mich, als hätten Sie sich sehr schnell auf eine einzige Lösung festgelegt.« Das hilft dem Mentee, einen Eindruck von seiner Wirkung nach außen zu bekommen, denn so wie sein Verhalten auf den Mentor wirkt, so könnte es ja auch auf andere Beteiligte wirken. Die Spiegelung des Verhaltens durch den wohlmeinenden Mentor kann ein wertvoller Impuls sein, um das eigene Verhalten zu hinterfragen und zu verändern.

Wichtig ist dabei, dass das Feedback nicht als verallgemeinernde Wahrheit dargestellt wird (»Sie sind ziemlich von sich eingenommen«), sondern als persönliche Wahrnehmung dargestellt wird (»Auf mich wirkt Ihr Verhalten so, als wären Sie sehr überzeugt von sich. Ich würde dann nicht vermuten, dass Sie Unterstützung erwarten«). Der Mentor lässt dem Mentee den Freiraum, das Feedback auch abzulehnen und für sich als nicht weiterführend einzuordnen – dann bleibt die Option und kann vielleicht später genutzt werden.

Wer sich nicht in eine Schublade geworfen fühlt (»Sie sind so und so …«), der muss sich auch nicht dagegen wehren. Ich-Aussagen und das Aufzeigen von Möglichkeiten (»Könnte es sein, dass …«) verringern den Widerstand gegen Feedback erheblich.

Feedback kann der Mentor auch zu dem Verhalten geben, das er selbst beim Mentee beobachtet. Das können Situationen in den Mentoring-Gesprächen selbst sein oder bei Rollenspielen, die Mentee und Mentor durchführen, damit der Mentee eine Situation praxisnah durchspielen kann. Das können auch berufliche Situationen sein, zu denen der Mentor den Mentee begleitet hat. In Rollenspielen und bei Begleitungen ist es ratsam, dass beide vorher vereinbaren, zu welchen Aspekten der Mentee Rückmeldung haben will, sodass der Mentor gezielt beobachten und Rückmeldung geben kann. Sollten weitere Dimensionen zur Debatte stehen, können Vereinbarungen ergänzt werden. Letztlich kommt es nicht auf den formalen Akt der Verabredungen an, sondern auf ein Beobachten und Herstellen von echtem Einverständnis zum Feedback.

Balance im Feedback bewahren

Wichtig beim Feedback-Geben ist, ein positives Selbstgefühl des Mentee zu stärken, was in jedem Kompetenzstadium zu empfehlen ist. Auch dürfen und sollen Potenziale hervorgehoben werden, selbst wenn sie noch in den Anfängen stecken. Angst und ein geringes Selbstwertgefühl werfen Menschen hinter ihre Möglichkeiten zurück und behindern das Lernen. Diese Erfahrung wird durch Neurowissenschaften beeindruckend neu belegt (Hüther 2009, 2011).

Feedback beinhaltet aber auch die Verantwortung, Mentees nicht mit Kompetenzvorstellungen und einem Gefühl von Wichtigkeit auszustatten, die sie aus ihrem Können und ihrer Person heraus nicht halten können. Mentoren haben die Verantwortung, den Mentee wohlwollend, unterstützend, aber auch realistisch zu spiegeln. Sie dürfen nicht der Versuchung erliegen, Jüngere durch schmeichelhafte Spiegelung zu bestechen. Unrealistische Selbsteinschätzung und die daraus resultierenden Ansprüche könnten dazu führen, dass der Mentee in seinem Umfeld scheitert.

Unterstützen von Stärken
Feedback wird – besonders in Unternehmenskontexten – meist als konstruktiv-kritische Rückmeldung zu Schwächen oder verbesserungsfähigen Aspekten gesehen. Das darf es natürlich auch im Mentoring sein. Besonders hilfreich für Mentees ist es jedoch, von ihrem Mentor Feedback über ihre Stärken zu erhalten. Auch scheinbar Selbstverständliches darf ausdrücklich gewürdigt werden. Lob und Ermutigung sind leider im Unternehmensalltag ein rares Gut – und umkehrt melden viele Mentees in Abschlussveranstaltungen von Mentoring-Programmen zurück, dass ihnen gerade die Unterstützung, der Zuspruch und die Ermutigung ihrer Mentoren gut getan und ihr Selbstbewusstsein gestärkt haben. Das kann bedeuten, den Mentee einfach darin zu bestärken, dass seine geplante Vorgehensweise sinnvoll erscheint, und ihn zu ermutigen, diese auszuprobieren. Das kann aber auch gezielte Arbeit an den Stärken des Mentee sein, indem Mentor und Mentee gemeinsam hinterfragen:

- Welche beruflichen und persönlichen Stärken sieht der Mentee bei sich, und wie zeigen diese sich in seinem beruflichen Alltag?
- Welche beruflichen und persönlichen Stärken sieht der Mentor beim Mentee (die der Mentee vielleicht für selbstverständlich hält)?
- Welche Stärken bemerken andere, die nicht unbedingt in der Selbstbeschreibung des Mentee aufgetaucht wären? Warum werden diese geschätzt?

- Was kann der Mentee tun, damit seinem Umfeld seine Stärken noch stärker zugutekommen?
- Welche Umstände, welche Funktionen und Aufgaben erleichtern dies?

Kompetenzen von Mentoren

Was müssen Mentoren können, um die oben skizzierte Verantwortung wahrnehmen zu können? Nicht jede Führungskraft ist automatisch auch ein guter Mentor (aber in der Regel sind kompetente Mentoren auch kompetente Führungskräfte).

Folgende Kompetenzen (im Sinne von Fähigkeiten) sollten Mentoren haben:

Empathie und Selbstreflexion

Wie bereits beschrieben, sollten Mentoren Interesse an jüngeren Menschen haben und die Neugierde besitzen, erfahren zu wollen, was diese beschäftigt. Dazu gehört auch die Bereitschaft (und Fähigkeit), sich und die eigenen Themen hintenanzustellen. Außerdem sollten sie die Fähigkeit und Bereitschaft haben, sich und ihr Vorgehen als Mentoren zu hinterfragen. Das können sie allein für sich tun, mit ihrem Mentee, gemeinsam mit anderen Mentoren oder im Rahmen von angebotenen Qualifikationen.

Beraterisches Know-how

Das umfasst das Wissen, wie sie einen Beratungsprozess strukturieren, hilfreiche Fragen stellen und mit Disharmonien in der Beratungssituation umgehen können. Hier hat jede erfahrene Führungskraft ohnehin ein erhebliches Repertoire, das jedoch für die Beratung etwas anders genutzt werden sollte. Qualifizierungen für Mentoren können diese Umstellung unterstützen sowie Ergänzungen vermitteln und üben. Einige hilfreiche Instrumente haben wir in Kapitel 1.8 Instrumente für Mentoren (S. 59) dargestellt. Sicherlich ist der Lernprozess für Mentoren intensiver, wenn diese Instrumente geübt werden und sie professionelle Rückmeldungen über ihre Vorgehensweisen erhalten.

Unterscheidung zwischen der Rolle des Mentors und des Vorgesetzten

Erfahrungsgemäß ist es für viele Mentoren schwierig, für die Dauer des Mentoring-Gesprächs bewusst aus ihrer Rolle als Vorgesetzter auszusteigen und den »Hut« des Mentors aufzusetzen. Die Vorgesetzten-Rolle verleitet dazu, sich für Ergebnisse und Lösungen verantwortlich zu fühlen. Die Übersicht (Tab. 1) hilft dabei, die Schwerpunkte beider Rollen zu erkennen:

Vorgesetzter	**Mentor**
Fokus auf die Ergebnisse und die Ziele eines Mitarbeiters	Fokus auf die Person und ihren Lernprozess
Fokus auf die Unternehmensziele und die Situation des Unternehmens	Fokus auf die Situation des Mentee
alle Mitarbeiter als Team zu den gewünschten Ergebnissen führen	eine Person bei der Erreichung ihrer Ziele begleiten
Ziele für alle Mitarbeiter erarbeiten	Ziele setzt Mentee; Mentor begleitet bei der Überprüfung und Umsetzung
delegiert, kontrolliert, unterstützt, berät seine Mitarbeiter; trifft Entscheidungen	stellt Fragen und Perspektiven zur Verfügung, gibt Feedback; überlässt dem Mentee die Entscheidungen
Zeit für alle	Zeit für eine Person
spricht mehr über fachliche Themen und damit zusammenhängende Prozesse und Strategien	spricht mehr über persönliche Themen, auch über eigene Erfahrungen; vermittelt Kontakte
beurteilt Mitarbeiter, entscheidet über Karriere mit	keine Beurteilung; keine direkte Einwirkung auf die Karriere
Ziel: Ergebnisse im Sinne des Unternehmens	Ziel: persönliches Wachstum und Lernerfolge für den Mentee

Tab. 1: Schwerpunkte der Rollen Vorgesetzer bzw. Mentor

»Umdeutungen« der Mentoren-Rolle

In der Praxis stoßen wir gelegentlich auf ein Rollenverständnis, das – obwohl gut gemeint – nach unserer Auffassung dem Mentoring nicht förderlich ist.

Väterliche/mütterliche Rolle

Gelegentlich verwechseln Mentoren ihre Mentees mit (den eigenen) »erwachsenen Kindern«. Dann wird die Unterstützung zu fürsorglich aus einer Eltern-Haltung heraus gegeben, die die Mentees – durchaus verständlich – als unpassend erleben können. Ab und zu erleben wir eine Vater-Tochter bzw. Vater-Sohn-ähnliche Konstellation, bei der sich zwar beide Seiten menschlich wohlfühlen, die aber einem persönlichen Wachstum der oder des Mentee hinderlich ist. Dabei wird der Mentor erst zu einer Vaterfigur idealisiert (was dieser zulässt), dann wird ein Ablöseprozess inszeniert, dem der wohlmeinende Mentor dann (scheinbar) verständnislos und enttäuscht gegenübersteht.

Kopie erzeugen

Gelegentlich suchen Mentoren nach Mentees, die sie zu Abziehbildern ihrer selbst erziehen wollen. Im Matching, d. h. beim Zusammenstellen der Tandems, wirken sie schon auf die Organisatoren ein, unbedingt mit Mentees zusammenzukommen, die ihnen in ihren Grundüberzeugungen sehr ähnlich sind. Für diese haben sie dann alle Ratschläge parat, die sie schon für ihr eigenes Leben als hilfreich empfanden. Erfolge des Mentee schreiben sie letztlich sich selbst zu, Misserfolge eher dessen mangelhafter Umsetzung. Entweder gehen Mentees diesen Weg willig mit – auf Kosten ihrer Selbstständigkeit –, oder sie grenzen sich ab. Dann werden sie möglicherweise vom Mentor als »ungeeignet« verstoßen. Die Transaktionsanalyse beschreibt eine Vielzahl solcher Beziehungsspiele und wie man sie vermeiden bzw. aus ihnen aussteigen kann (Dehner u. Dehner, 2007).

Retter
Manchmal verfallen Mentoren, die sich um Empathie bemühen, in eine gut gemeinte Retter-Rolle. Sie versuchen, Schwierigkeiten für den Mentee zu lösen (Beispiel: »Ich rede mal mit XY und spreche ihn auf Ihre Schwierigkeiten in dem Projekt an«). Die unausgesprochene Botschaft an den Mentee ist: »Ohne mich schaffst du es wohl nicht«. Der Mentor wertet den Mentee in seinen Möglichkeiten ab und nimmt ihm die Chance, zu lernen und Neues auszuprobieren. Auch wenn das gut gemeint ist, geht es dabei weniger um den Mentee als um den Mentor selbst, der sich in der Rolle des Problemlösers beweisen kann und sich für seinen Einsatz Anerkennung erhofft.

Karrierevermittler
Manche Mentoren messen den Erfolg des Mentoring an den Karriereschritten, die der Mentee in dieser Zeit gemacht hat. Sie übersehen, dass im Mentoring die Basis für eine Karriere verstärkt werden kann, aber kein Anspruch besteht, dass konkrete Schritte bereits während des Mentoring erfolgen. Wie wäre einem Mentee auch geholfen, wenn er zwar eine nächste Karrierestufe erreicht hat, diese aber nicht ausfüllen kann? Auch sollte bedacht werden, dass eine schnelle Karriere meistens bedeutet, die einzelnen Schritte nicht wirklich zu leben. Wo will man dann später noch hin? Versäumte Befriedigungen aus unstet durcheilten Berufslebensphasen können meist nicht nachgeholt werden. Bei selbst »erarbeiteten« Karriereschritten kann der Mentee stolz auf sich selbst sein. Wenn das – aus eigener Kraft – während des Mentoring geschieht, ist das natürlich ein schöner Erfolg.

Rolle der Mentees
Mentees haben vor allem drei Verantwortungsbereiche:
- Das Tandem am Laufen halten
- Die Selbstverantwortung behalten
- Lernen und Gelerntes umsetzen, d. h., sich selbst infrage stellen und die Erkenntnisse in ihrem beruflichen Alltag anzuwenden.

Verantwortung von Mentees (I): Aktivität und Initiative
Der Mentee sitzt im Mentoring-Tandem vorne und bestimmt den Takt und die Richtung. Von ihm hängt es ab, wie häufig das Tandem sich trifft und welche Themen besprochen werden. Er geht auf den Mentor zu und signalisiert, dass er Gesprächsbedarf hat. Viele Tandems vereinbaren von vornherein gemeinsame Termine für das vor ihnen liegende Jahr. Wenn nicht, ist es Aufgabe des Mentee, sich um einzelne Termine zu bemühen.

Danach liegt die Verantwortung beim Mentee, sich zu überlegen, wie er die Zeit nutzen will. Dabei geht es nicht darum, sich auf der Fahrt zum Mentor einige sinnvolle Fragen zu überlegen, mit denen er den Mentor dazu bewegen könnte, aus einem reichhaltigen Erfahrungsschatz zu erzählen, während der Mentee entspannt zuhört. Das mag für die anfänglichen Gespräche interessant sein, um sich kennenzulernen. Auf die Dauer wird das den meisten Mentoren jedoch zu einseitig, und der Lerneffekt ist begrenzt.

Lernen kann ein Mentee am besten aus konkreten Situationen aus seinem beruflichen Alltag. Deshalb sollte er mit Fragen und Themen kommen, die er anhand eines Beispiels darstellen kann. So ist es beispielsweise weitaus sinnvoller, konkret darüber zu reden, wie der Mentee in einer bestimmten Situation mit dem Mitarbeiter XY umgeht, als das Thema Mitarbeiterführung in allgemeiner Form zu diskutieren. Mit einem konkreten Fall vor Augen sind Mentor und Mentee mit weitaus mehr Energie dabei und können praktische Lösungen finden, die der Mentee dann ausprobieren kann. Meistens sind Lösungen nicht auf Anhieb ergiebig. Der Mentee kann beim nächsten Gespräch wiederum mit dem Mentor besprechen, was funktioniert hat und wo es noch weiteren »Feintunings« bedarf.

Aufgaben aus dieser Verantwortung heraus wären:

- Termine vereinbaren und halten
- Themen und Fälle im Alltag notieren und in das Mentoring einbringen

- Ziele definieren: Über aktuelle Themen hinaus kann der Mentee sich Ziele setzen, die er mithilfe des Mentoring erreichen will: etwa sein Selbstmanagement verbessern, an seiner Fähigkeit zu präsentieren arbeiten, die möglichen nächsten Karriereschritte besprechen oder anderes. Gemeinsam mit dem Mentor kann er definieren, was genau er erreichen will, woran er erkennt, dass er das Ziel erreicht hat, und welche Schritte zu dessen Erreichung führen (Unterstützung bei der Zielfindung siehe S. 72).
- Besprochene Lösungen umsetzen und Erfahrungen wiederum ins Mentoring einbringen.

Verantwortung von Mentees (II): Selbstverantwortung

Selbstverantwortung bedeutet, dass der Mentee für sich prüft, ob die angestrebten Ziele und die gefundenen Wege und Lösungen auch wirklich zu ihm passen. Aus Respekt oder Bequemlichkeit Wege einzuschlagen, hinter denen er nicht wirklich selbst steht, wird auf Dauer nicht fruchten. In der Umsetzung ist der Mentee alleine und muss in seinem Umfeld die Lösungen selbst vertreten. Steht er nicht dahinter, wirkt er unglaubwürdig und die Umsetzung wird nicht dauerhaft gelingen. Das schließt nicht aus, dass ein Mentee bereit ist, auch mal etwas Neues auszuprobieren, was er gemeinsam mit seinem Mentor erarbeitet hat. Experimentieren ist wichtig, auch wenn es sich nicht auf Anhieb vertraut anfühlt. Aber auf Dauer sollte das Neue passen und authentisch gelebt werden können. Wenn ein Mentee spürt, dass sein Mentor Verhaltensweisen von ihm erwartet, die er als nicht passend für sich oder in seinem Umfeld empfindet, dann sollte er das mit dem Mentor selbst oder, wenn das nicht möglich ist, mit den Organisatoren des Programms besprechen. Wenn ein »Nein« oder »So nicht« von Mentoren nicht akzeptiert wird, sollte die gesamte Mentoring-Beziehung infrage gestellt werden. Lieber sollte sie dann beendet werden, als dass Mentees sich zu Verhaltensweisen gezwungen sehen, die sie als unpassend oder unwirksam für sich erkennen.

Aufgaben aus dieser Verantwortung heraus wären:
- Aktiv Wege suchen, die zur eigenen Persönlichkeit und zum eigenen Umfeld passen
- Ratschläge nicht ungeprüft annehmen
- Rückmeldung an Mentoren geben, wenn Lösungen nicht zur eigenen Person oder Situation passen
- Ansprache der Programm-Organisatoren, wenn man mit dem Mentor nicht zurechtkommt und darüber mit ihm kein Gespräch führen kann
- Beenden des Mentoring, wenn Druck zur Umsetzung unpassender Lösungen entsteht und keine Klärung möglich ist

Verantwortung von Mentees (III): Umsetzung

Wenn Mentoring-Gespräche nach dem Motto »Schön, dass wir darüber geredet haben« geführt werden, empfinden Mentoren sie meist nach einer Weile als wenig ergiebig. Manchmal ist es schon ein Erfolg, Erkenntnisse zu haben. Meistens sollten diese sich in erkennbaren Verhaltensänderungen niederschlagen. Auch kleine Veränderungen zählen, sie müssen jedoch erkennbar sein.

Manchmal vermeiden es Mentees, ihrem Mentor Rückmeldung über Umsetzungsschwierigkeiten zu geben, weil sie ihm nicht den Eindruck geben wollen, seine Beratung wäre nicht hilfreich. Oder sie befürchten, der Mentor kreidet es ihnen als Unvermögen an, wenn die Lösung noch nicht funktioniert. Doch Stolpersteine auf dem Weg zum Ziel sind völlig normal, und gerade an diesen vermeintlichen »Fehlern« kann das Tandem lernen, was der Mentee wirklich braucht, um etwas verändern zu können. »Fehler« sind insofern nur Informationen darüber, an welcher Stelle die Beratung weitergehen muss. Es gehört deshalb zu den grundlegenden Vereinbarungen des Tandems, wie mit solchen »Umsetzungsproblemen« umgegangen werden kann.

Aufgaben aus dieser Verantwortung heraus wären:
- Finden von grundsätzlichen Vereinbarungen, wie mit Umsetzungsschwierigkeiten umgegangen wird
- Umsetzung von besprochenen Lösungen

- Rückmeldung an den Mentor über Gelingen, Rückschläge, Fehler und Schwierigkeiten bei der Umsetzung
- Bereitschaft, sich mit diesen Fehlern und Schwierigkeiten konstruktiv auseinanderzusetzen und nicht durch Rechtfertigungen oder Leugnen das Problem zu vermeiden.

Kompetenzen von Mentees

Mentoring ist nicht für jede Nachwuchskraft das geeignete Instrument. Mentees brauchen eine gute Selbststeuerung, wenn sie Mentoring effektiv nutzen wollen. Mentoring eignet sich für Menschen, die

- sich entwickeln wollen,
- die willens und in der Lage sind, eigenständig Initiative zu entwickeln,
- selbstständig Ziele für sich und ihre Entwicklung bestimmen können oder Themen im Alltag erkennen, von denen sie etwas lernen können,
- Verantwortung für sich selbst übernehmen können, d. h. sich keine Lösungen einreden lassen oder sie aus Bequemlichkeit übernehmen,
- das Potenzial haben, sich zu entwickeln und im Hinblick auf ihren gegenwärtigen Job oder auf künftige Aufgaben Entfaltungsmöglichkeiten haben.

1.6 Ablauf von Mentoring

Den Kern des Mentoring bilden die »Vier-Augen-Gespräche« zwischen Mentee und Mentor. Sie sollten alle 4–6 Wochen stattfinden und etwa zwei Stunden dauern. Die Regelmäßigkeit trägt viel dazu bei, dass ein intensiver und vertrauensvoller Kontakt entsteht und die Themen in die Tiefe gehen. Der Mentee kann außerdem bei der Umsetzung von Erkenntnissen in die Praxis über einen längeren Zeitraum hinweg begleitet werden. Das ermöglicht es dem Mentee, Entwicklungsschritte zu machen, und umgekehrt bereitet es den Mentoren Spaß, wenn sie ein Gefühl dafür bekommen, welche Lösungen fruchten und welche nicht.

Zusätzlich zu solchen Treffen gibt es folgende Möglichkeiten:

- *Kontaktaufnahme per E-Mail oder Telefon:* Wenn der Mentee aktuelle Fragen hat, dann kann er den Mentor zwischen den vereinbarten Treffen anrufen oder per E-Mail kontaktieren. Das sollten Mentor und Mentee aber vorher vereinbart haben, damit der Mentee weiß, ob er auf diese Möglichkeit zurückgreifen darf oder den Mentor damit stört. Manche Mentoren haben für zusätzliche Telefonate oder E-Mail-Austausch schlichtweg keine Zeit. Telefonate oder E-Mail-Austausch ersetzen erfahrungsgemäß nicht die persönlichen Gespräche.
- *Shadowing:* Wie erwähnt, kann der Mentee den Mentor gelegentlich zu Terminen, Besprechungen, Sitzungen begleiten mit der Möglichkeit, anschließend das Beobachtete gemeinsam zu besprechen. Umgekehrt kann der Mentor an einer Veranstaltung des Mentee teilnehmen, um diesen einmal unmittelbar und nicht nur aus dessen eigenen Schilderungen heraus wahrzunehmen. Shadowing kann einen Mehrwert darstellen, ist aber nicht ausschlaggebend für den Erfolg des Mentoring.
- *Netzwerke und Kontakte:* Der Mentor kann dem Mentee für ihn interessante Kontakte vermitteln oder mit ihm über die Bedeutung des Netzwerkens sprechen.

Praktische Tipps, die sich für Mentoring-Tandems als nützlich erwiesen haben, sind folgende:

Ort der Treffen

Wo ein Tandem sich trifft, ist eigentlich egal: Wir haben von Tandems gehört, die Spaziergänge machen, sich in Museumscafés getroffen haben, und ein (Frauen-)Tandem ging gemeinsam in die Sauna. Häufig bekommen wir von Tandems jedoch die Rückmeldung, dass Restaurants oder andere öffentliche Einrichtungen intensiven persönlichen Gesprächen abträglich sind.

Überwiegend finden die Treffen in Büroräumen statt. Wichtig ist, dass beide an diesem Ort ungestört über persönliche Themen reden können, ohne dass Dritte mithören, und an dem Ablenkungen ausgeschlossen sind, sodass man zwei Stunden konzentriert arbeiten kann. Das Büro eignet sich nur, wenn keine Mitarbeiter, Kollegen oder das Telefon das Gespräch unterbrechen. Jede Störung beeinträchtigt nicht nur die Konzentration, sondern ist immer auch ein Signal, wo jemand seine Prioritäten setzt. Störungen zuzulassen kann für das Gegenüber ein Signal sein, dass man das Gespräch nicht so wichtig nimmt.

Umgang mit Absagen

Fast jedes Tandem muss einmal einen Termin verschieben, weil etwas Wichtiges dazwischenkommt. Kommen Absagen häufiger vor, können sie ein Hinweis darauf sein, dass das Mentoring für den Absagenden keinen Nutzen stiftet, er die Chancen nicht verstanden hat oder mit der Art, wie die Gespräche verlaufen, nicht zufrieden ist und sich nicht traut, das offen auszusprechen. Hier hilft nur, das Problem direkt anzusprechen oder, wenn das nicht hilft, die Programmorganisatoren vermittelnd einzuschalten.

Sehr häufig erleben wir, dass eher Mentees Termine (kurzfristig) absagen: Zugunsten eines Projekts oder einer Präsentation, die für den nächsten Tag fertig werden soll, wird der Termin mit dem Mentor verschoben. So verständlich das ist, so kurzsichtig ist es auch. Denn das Mentoring weist ja gerade über den nächsten Tag hinaus und kann helfen, Schwierigkeiten mit dem eigenen Zeit- und Selbstmanagement, mit Abgrenzung oder Planung zu beheben.

Außerdem ist Mentees meist nicht bewusst, dass eine Absage dem Mentor signalisiert, dass sie das Mentoring nicht so wichtig nehmen. Kommt das öfter vor, schwindet beim Mentor die Motivation, sich zu engagieren – Rückmeldungen aus Mentoren-Workshops bestätigen das.

Empfehlenswert ist, das Thema Umgang mit Terminabsagen bereits im Erstgespräch zu thematisieren und deutlich zu machen, welche Gründe für eine Absage gelten dürfen und welche nicht und welche Botschaft eine Terminabsage beim Gegenüber auslösen kann.

Verbindlichkeit
Besonders in Mentoring-Programmen für Studenten hören wir immer wieder das Bedauern aufseiten der Mentoren darüber, dass ihre Mentees sich unregelmäßig (oder auch gar nicht) melden, Termine nicht einhalten und wenig Kontinuität und Verbindlichkeit entsteht. Das liegt meist an verschiedenen Gründen:

- Den Mentees ist nicht klar, welche Chancen Mentoring für sie bereithält.
- Die Mentees brauchen das Mentoring nicht, weil sie ihre Themen nicht kennen oder sich diese erschöpft haben.
- Mentor und Mentee haben die Rahmenbedingungen nicht miteinander geklärt.

Meist hilft ein klärendes Gespräch. Mentoren sollten sich aber auch erlauben, ein Mentoring-Tandem zu beenden oder ihre Beratung lieber einem anderen Mentee zur Verfügung zu stellen, der es mehr nutzt.

»Lerntagebuch« und Protokolle
Dokumentation ist wichtig, um Gelerntes zu verankern und immer wieder abrufbar zu machen. Erkenntnisse, Vorhaben und Erfolgsstrategien gehen verloren, wenn sie nicht nachlesbar sind. Empfehlenswert ist ein »Lerntagebuch« für die Mentees, das auch in Dateiform möglich ist. Darin kann der Mentee Situationen aus seinem Alltag, die er als schwierig empfand oder bei denen er Zweifel hatte, in kurzen Stichpunkten notieren. Denn solche Situationen sind sonst bis zum nächsten Treffen mit dem Mentor wieder vergessen.

Nach dem Gespräch hält der Mentee fest, welche Erkenntnisse und Vorhaben er aus diesen zieht. Schließlich kann er die Umsetzung im Alltag fortlaufend skizzieren. Durch diese Eintragungen wird der Lernprozess deutlich und er kann jederzeit vom Mentee rekonstruiert werden. Außerdem zeigen diese im Verlauf des Mentoring, welche Themen besprochen und welche Erfolge erzielt wurden. Hilfreich ist auch, wenn der Mentee nach dem Gespräch mit dem Mentor protokolliert, was er aus dem Gespräch gezogen hat, und dies als Datei dem Mentor schickt. Nicht immer entspricht das, was der Mentee in der Vorstellung des Mentors aus dem Gespräch gezogen hat, dem, was der Mentee tatsächlich daraus mitnimmt. Der Abgleich durch ein kurzes Protokoll kann helfen, hier auf den gleichen Stand zu kommen, sodass der Mentor wieder auf gleicher »Höhe« mit dem Mentee ist. Natürlich kann ein solches Fazit auch am Schluss eines Gesprächs gezogen werden, indem der Mentor den Mentee fragt, was er aus dem Gespräch mitnimmt. Dann allerdings ist es empfehlenswert, dass der Mentor sich selbst dazu einige Notizen macht, da die Erinnerung das meistens nicht bis zum nächsten Treffen speichert. Ein kurzes Ergebnisprotokoll durch den Mentee spart dem Mentor diese Arbeit.

Nähe und Distanz im Mentoring

Immer wieder hören wir auf Feedback-Veranstaltungen, dass Mentees von ihren Mentoren schwärmen. Man duzt sich, geht im Anschluss an das Mentoring zum Essen und tauscht sich über Privates aus. Andere Mentees oder Mentoren stehen daneben und fragen sich, ob bei ihnen etwas falsch läuft, weil sich aus ihrem Mentoring kein freundschaftlicher Kontakt entwickelt. Es läuft überhaupt nichts falsch. Ziel des Mentoring ist es nicht, eine freundschaftliche Beziehung zwischen den Tandempartnern aufzubauen. Mentoring ist eine professionelle Fortbildungsmaßnahme, bei der gegenseitige Akzeptanz wichtig ist, die aber mit Freundschaft nichts zu tun hat. Wichtig ist der wechselseitige Respekt, gerade auch da, wo die Persönlichkeiten und Vorgehensweisen von Mentee und Mentor unterschiedlich sind. Offenheit, Verlässlichkeit und selbstverständlich auch ein freundlicher Umgangston sind die Fundamente der Mentoring-Beziehung. Dennoch besteht keine Notwendigkeit, sich über

Privates austauschen zu müssen oder sich zu duzen. Wir raten Mentoren eher, beim »Sie« zu bleiben (wenn das Tandem nicht durch die Unternehmenskultur sowieso schon beim »Du« beginnt). Es ist für Mentoren erfahrungsgemäß leichter, wenn sie sich innerlich nicht mit dem Mentee verbünden und eine gewisse »kritische Distanz« bewahren. Gerade die Perspektive des wohlwollenden Außenstehenden ist für den Mentee hilfreich – dafür muss man aber auch Außenstehender bleiben.

Es gibt viele Tandems, die auch nach Abschluss des Mentoring in Kontakt bleiben, sich sporadisch treffen und weiterhin gegenseitig an ihren beruflichen Themen Anteil nehmen. Für den Erfolg des Mentoring ist das aber nicht entscheidend. Wir kennen viele Tandems, die sehr erfolgreich zusammengearbeitet und sich im Anschluss allmählich aus den Augen verloren haben. Mentoring ist keine lebenslange Beziehung, sondern eine Lernpartnerschaft auf Zeit.

Themen im Mentoring

Die Themenpalette im Mentoring ist groß. Wichtig ist, dass die Themen einen Bezug zum Beruf haben. Dann kann alles Thema sein, was mit der Persönlichkeit des Mentee zu tun hat, mit schwierigen beruflichen Situationen, mit seiner angestrebten Laufbahn, Führungsfragen, oder mit dem Umfeld des Mentee. Fachthemen sollten eher am Rande thematisiert werden, was meist schon dadurch gewährleistet ist, dass der Mentor aus einem anderen fachlichen Bereich kommt. Fachwissen kann man sich in anderen Kontexten aneignen, dazu braucht man in der Regel keine exklusive Eins-zu-Eins-Lernsituation.

Entscheidend für die Themenauswahl im Tandem ist, ob der Mentor sich dafür kompetent fühlt. Er berät aufgrund seiner Erfahrungen, und zu vielen Themen des Mentee wird er aufgrund dieser Erfahrungen gute Fragen und Perspektiven einbringen können. Es kann aber auch mal sein, dass er sich für ein Thema nicht zuständig fühlt. Dann kann es auch eine wertvolle Hilfe für den Mentee sein, wenn der Mentor ihm einen Kontakt zu jemandem vermittelt, der sich gut mit dem Thema auskennt.

Wir halten die Unterscheidung zwischen persönlichen Themen und privaten Themen für sinnvoll. Alles Persönliche, sofern es sich auf den Beruf bezieht, kann ein Thema für das Mentoring sein: Umgang mit Stress, Zeit, Druck, Vereinbarkeit von Beruf und Familie, Planung von Rückkehrzeiten und -strategien nach Schwangerschaften, Umgang mit Menschen aus dem beruflichen Umfeld, Selbstpräsentation in beruflichen Situationen, persönliches Vorankommen im Beruf, persönlicher Führungsstil, Klärung der Rolle, Finden einer Position im Bereich oder Unternehmen – das alles sind typische persönliche Mentoring-Themen. Kein Thema für das Mentoring sind private Aspekte, wie etwa das Finden eines geeigneten Betreuungsplatzes für das Kind, wenn man wieder in den Beruf zurückkehren will, oder Probleme mit dem Ehemann, dem die Karriere seiner Frau langsam unheimlich wird. Das Risiko, hier in ungute private Verstrickungen zu geraten, ist sehr hoch. Außerdem können diese Themen mit Menschen aus dem privaten Umfeld im Zweifel besser gelöst werden.

Phasen im Mentoring-Prozess

Eine Mentoring-Beziehung verändert sich im Laufe der Zeit. Das ist normal: Beide lernen sich besser kennen und sehen sich in manchen Aspekten mit anderen Augen. Es gilt, wie in jeder zwischenmenschlichen Beziehung, Unterschiede zu respektieren und sich gegenseitig Feedback zu geben, um Missverständnisse auszuräumen. Die typischen Phasen in einer Mentoring-Beziehung sehen folgendermaßen aus:

Beginn (die ersten zwei bis drei Treffen)

- Ziel: Grundlagen für die Zusammenarbeit klären, gegenseitiges Vertrauen fördern durch Kennenlernen, Austausch über (professionelle) Biografien
- Abklären von gegenseitigen Erwartungen und Rollenvorstellungen
- Formulieren von Zielen für das Mentoring-Jahr
- Formulieren von notwendigen Vereinbarungen und Festlegen von sinnvollen Spielregeln für das Mentoring

- Festlegung von Regeln für das Feedback-Geben über den Mentoring-Prozess

Diese Phase ist aufseiten des Mentee meist geprägt von Respekt und Unsicherheit darüber, was er vom Mentor zu erwarten hat. Aufgabe der Mentoren ist es in dieser Phase, durch Offenheit, Eingehen auf den Mentee, Klarheit über die eigene Rolle und das Finden gemeinsamer Spielregeln einen sicheren Rahmen zu definieren und so Vertrauen aufzubauen.

Während des Mentoring (weitere Treffen)

Das Tandem findet die zu beiden Persönlichkeiten passende Beziehungsnähe und Offenheit. Der Mentee wird kritischer, was die Beratung und Rückmeldung zum Mentoring betrifft, und wird Angebote des Mentors, Feedback zur Vorgehensweise zu geben, eher wahrnehmen. Er wird unter Umständen Verhaltensweisen ausprobieren, von denen ihm der Mentor abrät, um (unbewusst) zu testen, ob der Mentor auch weiterhin zu ihm steht. Geschieht dies, so fördert das den Prozess und das gegenseitige Vertrauen.

Unterstützt wird diese Phase durch:

- Selbstreflexion der Mentoren und Mentees über ihre Rollen und ihr Vorgehen
- gegenseitiges Feedback über das Mentoring
- regelmäßige Zwischenbilanzen.

Abschluss des Mentoring

Meist ist in den Mentoring-Programmen festgelegt, wann das Mentoring endet. Gelegentlich entscheiden Tandems, dass sie ihr Mentoring noch um eine gewisse Zeit verlängern wollen, weil noch Themen offen sind. Meist sind aber alle Beteiligten damit einverstanden, das Mentoring wieder abzuschließen. Beim Abschluss wird Bilanz gezogen, das Erreichte gewürdigt und neue Rollen werden gefunden, in denen sich Mentee und Mentor künftig begegnen können.

Bei Übergängen und Abschieden sind oft widersprüchliche Empfindungen im Spiel: einerseits Stolz auf das, was erreicht wurde, und auch Erleichterung, eine Verpflichtung wieder los zu sein und Zeit für Neues zu haben. Auf der anderen Seite auch Bedauern darüber, dass etwas Gutes zu Ende geht und in Zukunft in dieser Form nicht mehr wahrgenommen werden kann. Dieses Bedauern wird oft begleitet von Unsicherheit, was denn nun in Zukunft voneinander zu erwarten ist und wie der Umgang künftig aussehen kann.

Wir empfehlen, die Mentoring-Beziehung bewusst zu beenden und nicht halbherzig weiterzuführen (»Kommen Sie ruhig weiterhin, wenn Sie was haben«). Das verstärkt eher Unsicherheiten in Bezug auf die zukünftige Beziehung. Für die meisten Mentees ist es erfahrungsgemäß gut, dass das Mentoring vorbei ist. Sie haben in dem Jahr gelernt, welches die Problemlösungsstrategien und die Denkweisen des Mentors sind, und haben jene, die sie für wichtig hielten, in ihr eigenes Denken und Handeln integriert. Niemand möchte der »ewige« Mentee sein. Eher besteht bei Mentees der Wunsch, nach Ende des Mentoring-Jahres mit dem Mentor einen kollegialen Austausch zu pflegen.

Umgekehrt haben Mentoren in der Regel das Gefühl, weitergegeben zu haben, was sie für wichtig halten, und wünschen sich, in Zukunft kollegial mit dem Mentee umgehen zu können. Viele Mentoren wollen weiterhin mit ihren Mentees in Kontakt bleiben und sind interessiert daran, Anteil an ihrer Entwicklung zu nehmen. Aber eher im lockeren Austausch und nicht mit dem Wunsch, den Mentee regelmäßig weiter zu beraten.

Dafür ist es notwendig, bewusst aus den alten Rollen auszusteigen. Das verhindert, dass jeder sich seine Fantasien macht, was der andere wohl von ihm will, oder in einer Rolle verharrt, die vom anderen gar nicht mehr gefragt wird.

Zum Abschiednehmen gehören folgende Aspekte:

- Bilanz ziehen
- Dank und Würdigung
- neue Rollen finden

Bilanz ziehen
Das Tandem beantwortet zunächst für sich und dann im Zweiergespräch folgende Fragen:

- Welche Ziele hatte sich der Mentee zu Beginn des Mentoring gesteckt? Welche Ziele hat er erreicht?
- Was waren für beide wesentliche und wertvolle Erfahrungen, Erkenntnisse und Lernschritte im Mentoring?
- Welche Fragen/Ziele des Mentee sind noch offen? In welchen Kontexten könnten diese Fragen bearbeitet/die Ziele erreicht werden?
- Was haben beide an ihrem Tandempartner geschätzt?
- Was hätten beide im Nachhinein lieber anders gemacht?
- Was fanden sie schade/bedauerlich? Was würden sie bei einem nächsten Mal anders machen?
- Was wird ihnen eventuell fehlen, wenn das Mentoring beendet ist? Was bedauern sie, weil es vorbei ist?
- Wie wollen sie den gemeinsamen Abschied begehen? Was ist für sie passend (Händedruck, Glas Sekt, gemeinsames Essen o. a.)?

Würdigung
Würdigung bedeutet zu wissen, dass das eigene Bemühen oder die eigenen Erfolge von anderen wahrgenommen und geschätzt werden. Jeder Mensch braucht sie für sein Selbstwertgefühl. Beziehungen – auch im professionellen Kontext – haben dann Bestand, wenn beide Seiten sich gesehen und gewürdigt fühlen. Der Mentor würdigt die Erfolge, die der Mentee – dank seines eigenen Engagements und dank der Unterstützung des Mentors – in der Mentoring-Zeit erzielt hat. Der Mentee wiederum würdigt das ehrenamtliche Engagement des Mentors, seine investierte Zeit, seine Anteilnahme, sein Interesse, sein Bemühen um seine gute Beratung und was immer noch individuell zu würdigen wäre.

Neue Rollen finden

Abschiede und Übergänge sind auch immer von einer gewissen Unsicherheit darüber geprägt, wie es wohl weitergeht und ob man auch in anderen Rollen füreinander interessant ist und einen guten und sinnstiftenden Kontakt miteinander gestalten kann. Das bleibt aber meistens unausgesprochen. Das Abschlussgespräch kann dabei helfen, diese Unsicherheit zu benennen und dem Tandem zu Überlegungen und Vereinbarungen über ihre neuen Rollen zu verhelfen. Hilfreiche Fragen sind dabei:

- In welchen Rollen wollen sich beide künftig begegnen? Was kennzeichnet diese Rollen?
- Was hat jeder in dieser neuen Rolle dem Tandempartner anzubieten?
- Auf was müssen beide in diesen neuen Rollen verzichten (was sie bisher gewohnt waren oder bekommen haben)?
- Was sind ihre Erwartungen aneinander bei künftigen Begegnungen (Häufigkeit von Treffen, Initiative, Themen, Art des Austauschs, Bezug zum Mentoring usw.)?
- Was bedeutet die neue Rolle eventuell für den Kontakt mit ihrer Umwelt? Wem müsste was kommuniziert werden?

1.7 Werkzeug für Mentoren und Mentees

Hier bieten wir einige Werkzeuge an, mit denen wir in Einführungsworkshops für Mentees und Mentoren sowie in Qualifizierungen für Mentoren arbeiten. Diese leben von der Umsetzung und vom Ausprobieren. Nutzen und Sinn sollten Tandems entweder in Workshops durch Übungen und Feedback für sich persönlich erschließen oder im Mentoring durch gegenseitiges Feedback herausfinden.

Vereinbarung über den Rahmen des Mentoring

Die folgenden Anregungen zeigen auf, welche Aspekte eine Vereinbarung zum Mentoring umfassen kann und welche zu Beginn des Mentoring besprochen werden sollten. Manche

Aspekte mögen durch die Vorgaben eines internen Mentoring-Programms bereits geklärt sein.

Organisation und Ablauf

- Wie häufig wollen Sie sich treffen? Wie viele Treffen können Sie schon im Voraus festlegen?
- Wer ergreift die Initiative für die Treffen?
- Sind auch telefonischer und E-Mail-Kontakt geplant? Wie häufig darf das sein? Gibt es bestimmte Zeiten, zu denen die Mentees nicht anrufen sollen?
- Ist eine Begleitung zu Terminen, Veranstaltungen, Netzwerken geplant? Zu welchen wäre das möglich?
- Wo werden Sie sich treffen?
- Wie gehen Sie mit Terminverschiebungen um?

Inhalte

- Welche Erwartungen haben Sie aneinander? Was erhoffen/erwarten Sie sich von der Mentoring-Beziehung?
- Wer trägt was zum Gelingen der Mentoring-Beziehung bei?
- Welche Ziele haben Sie jeweils?
- Woran werden Sie beide merken, dass die Ziele erreicht wurden?
- Welche Themen sind schon jetzt erkennbar, die im Mentoring besprochen werden können?
- In welcher Form kann der Mentee die Treffen inhaltlich vorbereiten?
- In welcher Form sollen die Ergebnisse der einzelnen Treffen protokolliert oder nachbereitet werden? Von wem?
- Gibt es Themen, die nicht angesprochen werden sollen?

Vertrauen

- Vereinbaren Sie ausdrücklich Verschwiegenheit und Vertraulichkeit: Welchem Personenkreis gegenüber gilt das? Was darf weitererzählt werden, was nicht?
- Wie soll Feedback gegeben werden? Wie können Sie deutlich machen, wenn Sie mit dem Mentoring-Prozess nicht mehr zufrieden sind?

Revision

- Wie wollen Sie immer wieder Bilanz ziehen, um zu sehen, was Sie erreicht haben?
- Was geschieht, wenn Ihre Vereinbarungen über Ablauf und Organisation des Mentoring von einer Seite nicht mehr eingehalten werden?
- Was müsste passieren, dass Sie für sich zu dem Entschluss kommen, das Mentoring nicht weiterführen zu wollen?
- Was könnten Anzeichen für den Tandempartner sein, an denen er merkt, dass Sie unzufrieden mit der Mentoring-Beziehung sind?

Haltung in der Beratung

Die Haltung der Mentoren gegenüber ihren Mentees ist entscheidend für ihr beraterisches Vorgehen. Vier mögliche Haltungen lassen sich folgendermaßen beschreiben:

+/+ Haltung *Mentor akzeptiert sich und Mentee:* Selbstreflexion des eigenen Beitrags/der eigenen Rolle Respekt vor Persönlichkeit des Mentee durch Fragen anregen Mentee entscheiden lassen	**+/– Haltung** *Mentor glaubt, er weiß es besser als der Mentee:* Lösungen vorgeben Rat geben, wie er es selbst machen würde Mentee retten; mit anderen über Mentee sprechen Karriere des Mentee beeinflussen
–/+ Haltung *Mentor hält sich eher raus:* Verunsichern durch zu viele Zweifel und Erwägungen hinterfragt den Mentee kaum, glaubt zu schnell, dass Mentee schon weiß, was für ihn richtig ist	**–/– Haltung** *Mentor glaubt nicht an persönliches Wachstum:* »Man kann sowieso nichts ändern und hier schon gar nicht!« Personen mit dieser Einstellung treten in Mentoring-Programmen so gut wie gar nicht in Erscheinung

Tab. 2: Grundhaltungen in der Beratung

Phasenweise werden Mentoren in jede der vier Haltungen verfallen, das ist völlig normal. Ausschlaggebend ist die überwiegende Haltung, aus der heraus die Beratung erfolgt.

Weltbilder und Mentoring

Im Mentoring geht es auch darum, innere Weltbilder zu erweitern. Das kann mit einer Verunsicherung und mit Ängsten vor dem Neuen verbunden sein. Dies ist den Betroffenen aber nicht immer bewusst. Man versucht, seine vertrauten Gefühle und Überzeugungen beizubehalten, selbst wenn diese »nicht gut« für einen sind. Nicht nachvollziehbare Abwehr von Sichtweisen anderer können ein Indiz dafür sein, dass der Bezugsrahmen des Mentee »in Gefahr« ist und er gewohnte Überzeugungen über sich, die anderen und die Welt verteidigt.

Statt einem offenen oder stillen Ringen um Weltbilder hilft oft ein klärendes Gespräch über die jeweiligen Ideen und Glaubenssätze, Grundüberzeugungen, Werte, Einstellungen aus einer gemeinsamen Außenperspektive. Statt um Richtig oder Falsch geht es um Logik und Zusammenhänge, um Implikationen (»Das bedeutet aus meiner Sicht ...«) und Konsequenzen (»Daraus folgt für mich ...«).

Fragen wie »Was verstehen Sie unter Karriere?«, »Was heißt es für Sie, einen Konflikt zu haben?«, »Wenn Sie das so betrachten, dann folgt für Sie daraus?« oder »Was spricht dafür/dagegen, es anders, z. B. folgendermaßen zu betrachten ...?« können zu einem Austausch über unterschiedliche Sichtweisen und Wahrnehmungen beitragen und damit zu mehr Verständnis für das zugrunde liegende Weltbild des Anderen führen. Meist gibt es nachvollziehbare Gründe, aus denen der Mentee bestimmte Überzeugungen und Einstellungen erworben hat, und dafür verdient er Respekt. Erst wenn diese Gründe geachtet werden, steigt meist die Bereitschaft, die eigenen Überzeugungen infrage zu stellen.

Systemische Fragen für Mentoren

Fragen können zum einen Hintergründe erforschen, die zum eigenen Verständnis der Situation und der Person des Mentee beitragen, zum anderen können sie das Verständnis des Mentee für sich selbst und seine Situation erhöhen. Fragen können die Wirklichkeit experimentell einführen. Experimentell heißt, der Mentor kann die eigenen Vermutungen durch Fragen ausdrücken und aus den Antworten hören, ob der Mentee etwas damit anfangen kann.

Fragen sind nicht nur Instrumente der Informationsgewinnung, sie können auch Informationen vermitteln. Man kann nicht fragen, ohne gleichzeitig eigene implizite Botschaften zu senden.

Beispielhafte systemische Fragen

1. Fragen zum Auftragskontext:
   - Vorausgesetzt, dieses Gespräch hätte sich am Ende als nützlich erwiesen, woran werden Sie es merken?
   - Was sollte auf keinen Fall herauskommen?
   - Was sind Ihre Erwartungen an mich als Mentor? (Beratung, Erfahrungen hören, ermutigen, einfach mal zuhören ...)
2. Fragen zum Problemkontext
   - Wann, seit wann, in welcher Intensität und wo zeigt sich das Problem?
   - Warum ist das Problem gerade jetzt wichtig?
   - Welche Sicht haben andere?
   - Wer trägt alles zum Gelingen des Projekts bei? Wodurch?
   - Worin liegen die Vorteile, das Problem zu haben?
   - Was hat dazu beigetragen, dass es nicht längst viel schlimmer geworden ist?
3. Bisherige Lösungsversuche
   - Was wurde bisher unternommen?
   - Wie erklären Sie sich, dass das nicht erfolgreich war?
   - Wer ist noch dabei, eine Veränderung herbeizuführen, und mit welchem Erfolg?
4. Konkretisierungsfragen
   - Angenommen, ich würde das Verhalten von Herrn X durch eine Videokamera sehen, was genau würde ich sehen?
   - Was ist ein konkretes Beispiel für das Problem?

5. Wie könnte man das Problem verschlimmern?
   - Was können Sie tun, um das Problem zu verschlimmern, zu behalten, zu verewigen?
   - Wie können Ihnen die anderen dabei helfen?
6. Fragen zum Lösungskontext
   - Was wollen Sie bewahren, woran wollen Sie festhalten? Was soll auch nachher so sein wie vorher?
   - Woran würden Sie konkret erkennen, dass das Problem gelöst ist?
   - Was wäre das erste Anzeichen dafür, dass sich etwas ändert?
   - Angenommen, das Problem wäre gelöst, was war hilfreich, die Lösung zu ermöglichen?
   - Auch wenn noch nicht alles erledigt ist, was können wir für heute als Fortschritt festhalten?
7. Skalierungsfragen
   - Auf einer Skala von 1 (wenig) bis 10 (sehr viel): Wie stark nimmt Sie das Problem mit? Wie wichtig ist Ihnen das Problem? Wie ausgeprägt ist das Verhalten von Herrn X?
8. Fragen zu Möglichkeitskonstruktionen
   - Angenommen, dass …; Was wäre, wenn …; Gesetzt den Fall, dass … – Wer würde dann wie reagieren?
   - Angenommen, ich würde Ihre Mitarbeiter befragen, wie würde das Problem aus deren Sicht beschrieben werden?
   - Angenommen, ein Experte für XX wäre hier: Welche Lösung würde er für das Problem sehen?
   - Angenommen, Sie wären Ihr eigener Berater: Was würden Sie sich raten?
9. Fokussierung auf Situationen, in denen das Problem nicht auftritt (Ausnahmen)
   - Wie oft, wie lange, wann ist das Problem nicht aufgetreten?
   - Was haben Sie in diesen Zeiten anders gemacht?
   - In welchen Bereichen gelingt die Zusammenarbeit zwischen Ihnen gut?
   - Was müssten Sie tun, um mehr davon zu machen?

Checkliste für Mentees zur Vorbereitung von Mentoring-Treffen

Anhand der folgenden Checkliste mag es Mentees leichter fallen, sich auf ihr nächstes Mentoring-Treffen vorzubereiten und größtmöglichen Nutzen daraus zu ziehen:

- Welches Thema haben Sie beim letzten Treffen bearbeitet? Schauen Sie sich Ihr Kurzprotokoll noch mal an: Was hat sich in der Zwischenzeit bezüglich dieses Themas getan und welchen Zwischenstand/von welchen Ergebnissen können Sie dem Mentor berichten?
- Welche Themen sind eventuell beim letzten Treffen offen geblieben, die Sie gerne noch einmal ansprechen möchten?
- Über welches Thema wollen Sie beim kommenden Treffen sprechen? Was bewegt Sie gerade thematisch und persönlich in Ihrem Beruf? Haben Sie konkrete Beispiele dafür, inwiefern Sie von dem Thema betroffen sind?
- Wie können Sie dieses Thema in ca. 5–10 Minuten skizzieren? Machen Sie sich Stichpunkte, damit Sie wichtige Aspekte nicht vergessen.
- Was sind Ihre Erwartungen/Wünsche an den Mentor? Inwiefern könnte der Mentor Sie unterstützen? Möchten Sie Feedback, Beratung, Rollenspiele?
- Interessieren Sie Erfahrungen, die der Mentor diesbezüglich gemacht hat?
- Sind Sie mit der Mentoring-Beziehung zufrieden? Was könnte aus Ihrer Sicht verbessert werden? In welcher Form wollen Sie das äußern? Was passiert, wenn Sie es nicht sagen?
- Haben Sie alle Utensilien dabei, die Sie brauchen (z. B. Lerntagebuch, Protokoll, Schreibzeug, Papier, evtl. Unterlagen)?

Unterstützung bei der Zielfindung

Zur Zielfindung eignet sich folgende Übung, mit der sich Mentees gedanklich in ihre eigene Zukunft versetzen und mit der sie konkrete Ziele für das Mentoring finden können.

»Ich in der Zukunft«
Es ist der XX. XX 20XX (das Datum sollte am Ende der Mentoring-Zeit liegen):

- Was tun Sie am heutigen Tag?
- An welcher Position/an welchen Aufgaben arbeiten Sie?
- Machen Sie das gerne? Warum?
- Welche Stärken haben Sie weiterentwickelt?
- Was haben Sie im vergangenen Jahr über sich gelernt?
- Was hat Ihnen das Mentoring gebracht?
- Was hat sich sonst für Sie im vergangenen Jahr verändert?
- Welche Themen ergeben sich aus diesen Antworten für das Mentoring?

Dinge in der Schwebe lassen können

Nicht alle Fragestellungen sind klar und gut in analytischen Kategorien oder Handlungsplänen zu fassen. Oft haben wir es mit hintergründigen Themen und Suchprozessen zu tun, die noch Klärungs- und Reifezeiten brauchen. Im Mentoring geht es auch um Themen, die noch im Dunkeln liegen, aber schon in der Morgendämmerung zu ahnen sind. Hilfreich ist es, solche Ahnungen anzusprechen – oft eher in Bildern –, Anteil zu nehmen und ergänzende Intuitionen zu benennen. Hier weder Such- oder Reifeprozesse zu stören und gleichzeitig auch nicht zu sehr »im Nebel zu stochern« ist eine Frage der richtigen Dosierung und gemeinsamen Abklärung.

2 Einführung von Mentoring in Unternehmen und Organisationen

Wie werden Mentoring-Programme in Unternehmen und Organisationen eingeführt, damit die Beteiligten profitieren und das Umfeld das Programm positiv wahrnimmt und unterstützt? Im Folgenden schildern wir die wichtigsten Elemente und Meilensteine eines Mentoring-Konzepts sowie mögliche Stolpersteine bei dessen Umsetzung. Unsere Erfahrungen beziehen sich dabei vor allem auf die Einführung dieser Programme in Unternehmen und Verbänden, sicherlich ist davon jedoch etliches auch auf andere Kontexte wie Universitäten oder Verwaltungen anwendbar.

2.1 *Ein maßgeschneidertes Konzept entwickeln*

Immer wieder beobachten wir, dass Mentoring in Unternehmen umgesetzt werden soll, weil Geschäftsleitung oder Personalentwicklung davon begeistert sind. Was genau damit erreicht werden soll und ob Mentoring das bewerkstelligen kann, bleibt gelegentlich vage. Mentoring ist aber kein Selbstzweck, sondern eine Methode. Sinnvoller ist es, zunächst Ziele zu definieren, die für das Unternehmen und seine Mitarbeiter nützlich sind, und im nächsten Schritt zu überprüfen, ob Mentoring eine geeignete Methode auf dem Weg zur Zielerreichung ist.

Organisiert ein Unternehmen beispielsweise Mentoring, um damit Frauen in ersten Führungspositionen zu fördern, so kann Enttäuschung über das Instrument Mentoring entstehen, wenn das Ziel nach einer gewissen Zeit immer noch nicht erreicht ist – auch wenn das nicht am Mentoring liegt. Wahrscheinlich nutzen es die einzelnen Tandems sogar sehr erfolgreich. Aber Mentoring alleine kann Frauenförderung nicht bewirken. Um dieses Ziel zu erreichen, bräuchte es ein umfassendes, auf das Unternehmen zugeschnittenes Konzept.

Um zu einem »maßgeschneiderten« Mentoring-Konzept zu gelangen, müssen folgende Aspekte aufeinander abgestimmt werden:

1. Zunächst muss geklärt und abgestimmt werden, was als Problem oder Fragestellung im Unternehmen gesehen wird. Das kann beispielsweise sein: »Wichtige Erfahrungen gehen dem Unternehmen verloren, wenn Führungskräfte in den Ruhestand gehen.« Das Problem muss genau auf die Unternehmenssituation bezogen und beschrieben werden. Es kann auch sein, dass über das Problem kein Konsens herrscht und als erster Schritt ansteht, eine gemeinsame Sicht zu erzeugen.
2. Dann geht es darum, welche Ziele erreicht werden sollen und wie gewünschte Ergebnisse aussehen sollen. Daraus lassen sich Maßnahmen ableiten, wie das Ergebnis erreicht werden kann – meist eine Zusammensetzung von Maßnahmen, die aufeinander abgestimmt sein müssen. So lautet für das oben genannte Problem sicherlich die Zielsetzung, Erfahrungen im Unternehmen zu halten. Doch welche Erfahrungen sind für das Unternehmen und die Mitarbeiter tatsächlich nützlich? Welche Führungskräfte verfügen über diese Erfahrungen, und welche Art der Erfahrungsweitergabe ist für welche Informationen am sinnvollsten? Um Prozessabläufe festzuhalten, wäre Mentoring keine geeignete Methode, für die Weitergabe von informellen Spielregeln hingegen durchaus.
3. Anhand der Klärung der Ziele und Ableitung von Maßnahmen wird die Zielgruppe deutlich, für die diese Maßnahmen passen sollen. Das sind nicht immer die, die anfangs im Raum standen. Dann muss überprüft werden, ob die angedachten Maßnahmen ausreichend sind. Führungskräfte, die in den Ruhestand gehen, brauchen vielleicht zunächst Unterstützung beim Übergang in den Ruhestand, um das Vergangene bewusst loslassen zu können und nicht unbewusst über einen möglichen Mentee eigene Interessen im Unternehmen weiterzuverfolgen. Erst dann geht es darum, sie konkret für das Mentoring zu qualifizieren.

4. Durch diese Überlegungen wird deutlich, in welchen Rollen die einzelnen Mitwirkenden im Prozess gefragt sind: Sei es als Programm-Manager, Trainer, Coach, Sponsor, Mentor, Mentee ... Hier ist wiederum die Frage, was die Einzelnen brauchen, um in ihren Rollen erfolgreich wirken zu können.
5. Und schließlich stellt sich die Frage der geeigneten Strategien, um die geplanten Maßnahmen gut umzusetzen. Bezogen auf Mentoring bedeutet das: Wie ist der Prozess zu organisieren, damit das Mentoring im Unternehmen angenommen und umgesetzt wird?

Diese Aspekte stehen in Wechselwirkung zueinander und müssen immer wieder aufeinander bezogen werden, um zu einem stimmigen und differenzierten, auf die Organisation zugeschnittenen Konzept zu gelangen.

2.2 Umsetzung von Mentoring

Der oben beschriebene Prozess hat weniger mit der Einführung von Mentoring selbst zu tun als mit dem Rahmen, in dem Mentoring wirksam werden soll. Wenn entschieden ist, dass Mentoring als Methode umgesetzt wird, dann erscheinen uns die folgenden Überlegungen zu den Themen, Rollen, Zielgruppen und Strategien wichtig.

Rollenklärungen

Unternehmensspitze

Die frühzeitige Zustimmung der Geschäftsführung oder des Vorstands zu Personalentwicklungsprojekten ist meist notwendig, um gemeinsam Ziele zu definieren und die dafür notwendigen Ressourcen zu klären. Ist Mentoring eine der gewählten Methoden zur Erreichung dieser Ziele, so ist die aktive Unterstützung der Unternehmensspitze für die Umsetzung und die Akzeptanz des Programms wesentlich. Mittlere und höhere Führungskräfte werden noch stärker zu einem Engagement als Mentoren motiviert, wenn sie von der Geschäftsleitung in ihrem Engagement auch gesehen werden. Mentoren setzen sich für eine Nachwuchskraft außerhalb ihres eigenen Bereichs ein, investieren zusätzliche Zeit und Energie und haben – bezogen auf ihre eigenen Geschäftsziele – zunächst keinen Nutzen daraus – auch wenn, wie dargestellt, ein hoher persönlicher Nutzen entstehen kann. Diesen Einsatz zu würdigen, kann die Geschäftsleitung übernehmen, indem sie als Sponsor das Programm begleitet, bei Auftakt- und Abschlussveranstaltungen die Mentoren in einer Ansprache hervorhebt und Anteil an den Erfahrungen der Teilnehmer nimmt. Übernimmt ein Mitglied der Geschäftsleitung als Sponsor diese Aufgabe, dann ist die Bereitschaft der Führungskräfte, ein solches Programm zu unterstützen, meist höher.

Dabei ist es nach unserer Erfahrung nicht erforderlich, dass Mitglieder der Geschäftsleitung selbst als Mentoren fungieren. Ihre Mentees würden damit vielleicht auch im Rampenlicht stehen, was eine Belastung darstellen kann. Ist der hierarchische Abstand groß, bedarf es besonderer Einfühlsamkeit, um dennoch Vertrauen und Offenheit im Tandem zu generieren. Mitglieder der Geschäftsleitung sollten nur als Mentoren wirken, wenn das für den ausgewählten Mentee sinnvoll ist und beide Seiten die Bereitschaft haben, sich auf den Prozess einzulassen. Als Sponsoren und Unterstützer des Programms ist die Geschäftsleitung aber unentbehrlich.

Programm-Manager

Die Rolle des Programm-Managers (häufiger der Programm-Managerin) ist anspruchsvoll. Sie muss ein schlüssiges Mentoring-Konzept entwickeln und braucht zur Umsetzung nicht nur Projektmanagement-Kompetenzen, sondern auch Urteilsvermögen und gute Vernetzung innerhalb der Organisation für die Zusammenstellung der Tandems. Diese Aufgabe sollte nicht Berufsanfängern oder Studenten im Praktikum überlassen werden. Da das Mentoring sich an verschiedene Hierarchieebenen und Unternehmensbereiche wendet, wird die Programm-Managerin meistens im gesamten Unternehmen wahrgenommen –

was nicht bei jeder Personalentwicklungsmaßnahme der Fall ist. Das kann zur Profilierung dieser Person beitragen oder eben auch nicht. Deshalb ist sie gut in den Händen einer Person aufgehoben, die über folgende Fähigkeiten und Erfahrungen verfügt:

- Präsentationsfähigkeit, um die Idee des Mentoring intern zu verkaufen
- internes Wissen über die Organisation, um das Konzept auf die Organisation zuzuschneiden, Multiplikatoren zu finden und das Programm intern gut zu verankern
- gute Kontakte zu den mittleren oder höheren Führungsebenen, um diese gezielt für die Rolle als Mentoren zu gewinnen
- ein Gespür für Menschen, um Tandems zusammenzustellen, die von den Erfahrungen und von den Persönlichkeiten her zusammenpassen
- organisatorische Fähigkeiten, um das Programm innerhalb der angestrebten Zeitpläne zu managen
- gutes persönliches Zeitmanagement, um für wesentliche Phasen im Organisationsprozess genügend Zeit zu haben
- Diplomatie und Vertrauenswürdigkeit: Die Person sollte von den Tandems als vertrauenswürdig wahrgenommen werden, damit sie sich bei Schwierigkeiten im Mentoring an sie wenden.

Häufig engagieren sich Personal(entwicklungs)leiter in der ersten Runde des Mentoring selbst als Mentoren, um diese Rolle kennenzulernen, eigenes Engagement zu zeigen und Kollegen glaubwürdiger für diese Rolle gewinnen zu können.

Externe Berater und Trainer

Je nach Auslastung der Personalentwicklung ist es sinnvoll, sich Unterstützung von versierten externen Beratern und Trainern zu holen. Das sollte früh bedacht und in die finanziellen Ressourcen eingeplant werden. Dies ist sinnvoll:

- wenn die Personalentwicklung mit anderen Themen überlastet ist und sich nur bei Aufgaben, die besser intern erledigt werden sollten, einschalten kann
- bei Pilotprojekten, um ein schlüssiges, zur Organisation passendes erstes Konzept mit Umsetzungsplan zu erarbeiten, das erst später dann intern und ohne externe Unterstützung umgesetzt werden soll
- wenn in der Organisation große Bedenken gegenüber Mentoring bestehen und Berater von außen dabei unterstützen können, Entscheidungsträger und Multiplikatoren für Mentoring zu gewinnen.
  In einer Organisation herrschte beispielsweise großes Bedenken, dass Mentoring eher zu Seilschaften und Vetternwirtschaft – im negativen Sinn – führen würde. Besonders der Betriebsrat, dessen Zustimmung in dieser Organisation notwendig war, äußerte sich sehr skeptisch. Eine externe Beraterin wurde dort neutraler wahrgenommen und konnte durch Präsentationen und die Moderation von Diskussionen auf diese Bedenken eingehen und sie konstruktiv in das Konzept einfließen lassen.

Nicht alle Teilschritte in der Organisation eines Mentoring-Programms sind allerdings an Externe delegierbar.

Unserer Erfahrung nach sollten folgende Aktivitäten von Internen übernommen werden:

- *Gewinnen der Unternehmensspitze:* Profilieren soll sich nicht der externe, sondern der interne Berater, also muss der Interne im Kontakt mit der Unternehmensleitung stehen. Meist ist der Draht sowieso gut. Ist dies nicht der Fall, können die Gespräche gemeinsam mit einem Externen geführt werden. Dies dem Externen gänzlich zu überlassen, würde die Position des Internen sicherlich noch mehr schwächen.
- *Auswahl und Ansprache der Mentoren:* Meist hat die interne Personalentwicklung einen guten Überblick über Kompetenzen und Verfügbarkeiten ihrer Führungskräfte, um passende

Mentoren auszuwählen. Hier wäre der Aufwand der Auswahl für einen Externen erheblich.

Folgende Aufgaben können ebenfalls gut intern geleistet werden, bei zeitlichen Engpässen ist hier aber auch eine externe Unterstützung sinnvoll:

- *Konzepterstellung:* Je nach Vorerfahrung ist es sinnvoll, die eigenen Ideen mit einem Profi durchzugehen und auf die Unternehmensbedürfnisse zuzuschneiden.
- *Interne Vermarktung des Programms:* Präsentation des Konzepts in Führungsrunden, vor dem Betriebsrat oder anderen Gremien.
- *Auswahl und Interviews der Mentees:* Der Blick von außen kann dabei helfen zu beurteilen, ob eine Person als Mentee geeignet ist und welche Erfahrungen ein Mentor haben sollte, der ihr im Mentoring weiterhelfen soll.
- *Projektmanagement:* Informationen an die Mitwirkenden, Einladungen, Organisation von Veranstaltungen.

Folgende Aktivitäten werden von externen Trainern meist besser durchgeführt:

- Workshops zur Einführung von Mentees und Mentoren
- Umsetzung eines Rahmenprogramms.

Vorgesetzte der Mentees

Die Vorgesetzten der Mentees sollten über Ziele, Nutzen und Organisation des Mentoring zumindest informiert sein und auch mitentscheiden können, ob ihre Mitarbeiter daran teilnehmen können.

Immer wieder erzählen Mentees bei Einführungsworkshops, dass ihre Vorgesetzten gar nicht wüssten, dass sie am Mentoring-Programm teilnehmen. Eine solche »heimliche« Teilnahme erscheint nicht ratsam. Mentoring würde das Problem zwischen Mentee und Vorgesetztem wahrscheinlich verstärken: Der Mentor käme (ungewollt) in eine »Verschwörer-Rolle« gegenüber dem Vorgesetzten, denn er kann das Geheimnis dann nicht ohne Weiteres lüften. Bekommt der Vorgesetzte dann doch Wind davon, dass sein Mitarbeiter ohne sein Wissen an einem Mentoring-Programm teilnimmt, wird er sich sowohl von seinem Mitarbeiter als auch vom Mentor (und der Personalentwicklung) hintergangen fühlen. Der Vorgesetzte wird sich Fantasien machen, was über ihn als Chef geredet (und an wen das weitergetragen) wird. Dem ohnehin beschädigten Vertrauensverhältnis zwischen Vorgesetztem und Mitarbeiter fügt das wahrscheinlich einen erheblichen weiteren Schaden zu.

Ist das Verhältnis zwischen Vorgesetztem und Mitarbeiter so schlecht, dass über eine Teilnahme am Mentoring nicht offen gesprochen werden kann, dann wäre es besser, der Mentee hätte unter den Verantwortlichen der Personalabteilung oder Personalentwicklung Ansprechpartner, mit denen er das besprechen kann. Er kann dort Unterstützung für die direkte Auseinandersetzung mit dem Vorgesetzten oder beim Wechsel in einen anderen Bereich finden. Erst danach wäre Mentoring ein geeignetes Instrument.

Vorgesetzte brauchen Informationen darüber, an welche Mitarbeiter sich das Mentoring richtet, was es bezweckt und inwiefern die Rolle des Mentors ihre Rolle als Vorgesetzter ergänzt. Sonst kann es passieren, dass ein Vorgesetzter sich infrage gestellt fühlt (»Bin ich als Chef nicht gut genug, dass der Mitarbeiter noch einen Mentor braucht?«) oder den Eindruck gewinnt, er könne Führungsaufgaben an den Mentor delegieren (»Gehen Sie doch mit dieser Frage zu Ihrem Mentor«). Wie wir in Teil 1 dargestellt haben, unterscheiden und ergänzen sich die Rollen von Mentor und Vorgesetztem.

Zielgruppen

Größe der Gruppe

Mentoring eignet sich nicht als »flächendeckende« Maßnahme. Die passende Zusammenstellung der Tandems kostet Zeit (siehe Matching, S. 86). Außerdem muss für eine große Gruppe von

Mentees eine ähnlich große Gruppe von Mentoren zur Verfügung stehen. Das führt in der Umsetzung zu erheblichen Schwierigkeiten.

Beispielsweise will ein Unternehmen für alle seine 50 Nachwuchsführungskräfte Mentoren organisieren. Es können aber nicht alle mittleren und oberen Manager dafür eingesetzt werden, da es manche zeitlich nicht einrichten können, andere nicht über die nötige beraterische Kompetenz verfügen oder nicht als »gute« Führungskräfte »gesehen« werden und damit nicht als Mentoren infrage kommen (was auf ein anderes Thema im Unternehmen hinweist und im Rahmen eines Gesamtkonzepts aufgegriffen werden müsste). Es stehen für 50 Mentees nur noch etwa 20 Mentoren zur Verfügung. Das bedeutet, jeder Mentor müsste mindestens zwei Mentees betreuen, was zeitlich kaum zu schaffen ist, wenn man das Mentoring regelmäßig und ernsthaft betreibt. Mentoren und Mentees stehen schon von Beginn an vor einer eigentlich unlösbaren Situation. Hinzu kommt, dass eine solche »Selektion« bei den Führungskräften, die nicht ausgewählt wurden, zu Unmut und Verunsicherung führen kann, weil deutlich wird, dass sie »zweite Wahl« sind.

Für kleinere Gruppen von Mentees ist es wesentlich leichter, Mentoren zu finden. Die Programm-Organisatoren haben für das Matching eine erheblich größere Auswahl an potenziellen Mentoren im Unternehmen, was eine »passgenauere« Zusammenstellung der Tandems ermöglicht. Wer als Mentor nicht gefragt wird, erhält dann außerdem keinen »Stempel« als schlechte Führungskraft.

Kriterien für die Auswahl der Mentees

Wichtig ist, dass es ein plausibles Vorgehen bei der Auswahl der Mentees gibt. Sonst erhalten die Programm-Manager Bewerbungen, die sie wieder absagen müssen. Das kostet Zeit und frustriert diejenigen, die damit Hoffnungen verbunden haben und dann doch nicht mitmachen können. Deshalb sollten Kriterien und Vorgehensweisen für die Auswahl der Mentees frühzeitig kommuniziert werden.

Als gute Auswahlkriterien haben sich folgende erwiesen:

- Die Mentees gehören einer bestimmten Hierarchieebene oder einer bestimmten Fördergruppe an. Sie haben das Potenzial, sich weiterzuentwickeln.
- Sie haben bereits einige Jahre Berufserfahrung, um die Knackpunkte für die persönliche Weiterentwicklung zu kennen und die Beratung durch Mentoren schätzen zu können.
- Die Mentees wollen selbst an dem Programm teilnehmen: Wer das nur auf Wunsch seines Vorgesetzten oder der Organisatoren macht und den Wert für sich selbst nicht erkennt, wird Mentoring kaum nutzen.
- Die Mentees haben den Wunsch, sich persönlich weiterzuentwickeln und an sich zu arbeiten. Sie können persönliche Ziele für das Mentoring benennen und haben den Ehrgeiz, diese Ziele aus eigenem Antrieb zu verfolgen.
- Bereitschaft zu einem etwa halbstündigen persönlichen Interview oder Gespräch, in dem die Organisatoren den Bewerber persönlich kennenlernen können.

Ee empfiehlt sich, mit den Bewerbern als Mentees persönliche Gespräche zu führen. Darin können die Programm-Organisatoren besprechen, ob Mentoring für sie das geeignete Instrument ist. Vielleicht erscheinen für ihre Themen und Ziele andere Maßnahmen sinnvoller, etwa Coaching oder spezielle Seminare. Die Gespräche sind auch eine Möglichkeit, den Bewerbern Informationen über das Mentoring zu geben und Fragen zu beantworten. Zudem geben die Interviews den Programm-Managern wichtige Informationen für das Matching: Sie bekommen einen Eindruck von der Persönlichkeit des Mentee und ein besseres Bild davon, welche Mentoren-Persönlichkeit zu ihm passen oder für ihn eine Ergänzung darstellen könnte. Das kann auch ganz offen mit dem Mentee besprochen werden. Manchmal nennen Mentees konkrete Personen, die sie sich als Mentoren wünschen. Dann kann man mit ihnen besprechen, was sie an diesen Personen reizt und ob die Wahl im Hinblick auf ihre Ziele sinnvoll erscheint. Manchmal gibt dies tatsächlich gute Hinweise darauf, wer als Mentor gefragt werden könnte. Manchmal trägt es dazu bei, dass sowohl Mentees als auch Programm-Manager ein klareres Bild darüber entwickeln, welches Mentoren-Profil für den Mentee geeignet wäre.

Auswahl der Mentoren

Kompetenzen von Mentoren haben wir in Teil 1 dargestellt (siehe S. 49). Mentoren sollten sich freiwillig beteiligen und nicht zu dieser Rolle »eingeteilt« werden. Sie muss aus innerer Überzeugung mitgetragen werden, damit der Mentor die Bereitschaft hat, sich auf einen Mentee und den Beratungsprozess einzulassen.

Muss ein Mentor älter sein?

Ein Mentor muss nicht zwangsläufig älter sein als der Mentee. In der Regel ergibt sich das aufgrund des hierarchischen Abstands. Wir haben aber durchaus Tandems gut zusammenarbeiten sehen, bei denen Mentor und Mentee nur wenige Jahre auseinander waren. Das funktioniert dann, wenn der Mentee die Gleichaltrigkeit nicht als Druck empfindet. Er sollte nicht das Gefühl bekommen, in seinem Alter karrieremäßig schon so weit sein zu müssen wie der Mentor. Wenn der Mentee das gelassen sieht und die guten Gründe kennt, aus denen er in seiner Karriere da steht, wo er ist, dann können auch gleichaltrige Mentoren passen. Das sollte im Einzelfall gut hinterfragt werden.

Verständnis von Mentoring klären

Wichtig erscheint uns, dass es in einem Unternehmen oder einer Organisation eine einheitliche Vorstellung von Mentoring gibt. In großen Konzernen organisieren oft unterschiedliche Abteilungen Mentoring-Programme für verschiedene Zielgruppen. Für Mentoren ist es verwirrend, wenn sie bei einem Programm für Studenten mitmachen, bei dem sie eher in der Rolle von Paten gefragt sind, und später in einem Nachwuchsführungskräfte-Programm wirken sollen, in dem die Mentoren-Rolle eher als Berater gesehen wird. Wenn beides Mentoring genannt wird, entstehen verschiedene Vorstellungen von Mentoring in der gleichen Organisation. Das kann in Einführungsworkshops besprochen und geklärt werden. Leichter ist es, innerhalb einer Organisation mit gleichen Begriffen zu operieren, damit die Führungskräfte ihr Rollenverständnis nicht jedes Mal neu klären müssen.

Internes Marketing

Die meisten Organisationen stellen einen Bericht in das Intranet oder auf die Homepage des Unternehmens. Er skizziert die Ziele des Programms, die angesprochenen Zielgruppen und wie vorgegangen werden soll. Um Mentoring vorstellbar zu machen, kann ein lebendiger Erfahrungsbericht eines Tandems aus dieser oder einer anderen Organisation als Beispiel dienen. Außerdem ist es sinnvoll, die Anmeldekriterien für Mentees deutlich zu machen, damit sich nur die angesprochenen Zielgruppen bewerben. Bei offenen Programmen, zu denen sich Mentees selbst bewerben können, empfiehlt sich außerdem ein Anmeldebogen, z. B. in Form einer PDF-Datei. Kann sich der Mentee nicht selbst bewerben, sollte deutlich werden, wie der Auswahlprozess verläuft. Auch der Auswahlprozess für die Mentoren sollte kurz skizziert werden.

Meist wird das Marketing noch ergänzt durch einen Flyer, in dem die wesentlichen Informationen über Ziele, Nutzen und Ablauf des Mentoring sowie über die Auswahlkriterien für Mentees und Mentoren dargestellt werden.

Zusätzlich zu diesen Informationen ist es meist erforderlich, dass die Programm-Manager direkt auf Führungskräfte zugehen und ihnen das Konzept erläutern, sei es auf Führungskräfte-Meetings, sei es in kleineren Runden oder in Einzelgesprächen. Mentoring ist zwar nicht mehr neu, aber dennoch ein Konzept, über das oft sehr verschiedene Vorstellungen in den Köpfen bestehen. Die Führungskräfte, die die Mentees für das Mentoring auswählen oder die selbst als Mentoren fungieren sollen, brauchen meist genaue Informationen, was den Mentees geboten wird bzw. was von ihnen als potenzielle Mentoren erwartet wird.

Ressourcen und Zeit planen

Im Rahmen der Konzeptklärung sollten schließlich die zeitlichen und finanziellen Ressourcen für das Mentoring geklärt und ein Zeitplan vereinbart werden.

Immer wieder erleben wir, dass Auftaktveranstaltungen von Mentoring-Programmen verschoben werden müssen, weil die Zeitpläne zu eng gestrickt wurden. Ein Grund dafür ist, dass die Unternehmensspitze oder andere »Entscheider« dem Konzept und der Umsetzung nicht so schnell zustimmen wie erhofft oder eingeplant. Mit der Organisation und Vermarktung des Programms kann aber erst nach erfolgter Zustimmung begonnen werden.

Der häufigste Grund für Verschiebungen ist, dass der Aufwand für die Zusammenstellung der Tandems zeitlich unterschätzt wird. Das Matching ist ein aufwendiger Prozess: Meist muss mit allen Teilnehmern vorab ein persönliches Gespräch geführt werden, um sie für ihre jeweilige Rolle zu gewinnen. Dies kann sehr viel Zeit in Anspruch nehmen, weil Personen in Urlaub sind, absagen oder neue Mentoren angesprochen werden müssen. Bei einer Gruppe von 10 bis 15 Mentees dauert das Matching erfahrungsgemäß mindestens zwei Monate. Dazu kommen noch zwei bis drei Wochen, die die Tandems Zeit haben sollten, um sich vorab kennenzulernen und zu entscheiden, ob sie im Mentoring zusammenarbeiten wollen.

Zusammenstellung der Tandems (Matching)

Für die Auswahl der Mentoren und die Zusammenstellung der Tandems (Matching) gibt es zwei Möglichkeiten:

- das Matching wird von den Programm-Managern übernommen, sodass Mentee und Mentor nicht persönlich daran mitwirken (externes Matching)

- Mentee und Mentor finden in einem gesteuerten Prozess selbst zusammen (selbstgesteuertes Matching).

Externes Matching
Hier übernehmen die Organisatoren des Programms die Zusammenstellung der Tandems. Mentees und Mentoren erhalten die Namen ihrer Tandempartner und müssen dann herausfinden, ob die Zusammenstellung passt. Die Teilnehmer sparen sich die Zeit, selbst einen Tandempartner suchen zu müssen. Vielen Teilnehmern ist das lieber.

Kriterien für ein gelungenes Matching
- *Der Mentor darf nicht der Vorgesetzte des Mentee sein:* Es widerspräche dem Prinzip des Mentoring, wenn er gleichzeitig den Mentee beurteilen und ihn als Mentor beraten sollte.
- *Der Mentor sollte hierarchisch nicht zu weit vom Mentee entfernt sein:* Zwei Ebenen Unterschied sind oft eine gute Wahl. Dann ist der Mentor alters- und erfahrungsmäßig noch so nah am Mentee dran, dass er dessen Themen gut nachvollziehen kann. Er hat zu diesen Themen aber schon eigene Erfahrungen gemacht und persönliche Antworten gefunden, die Hintergrund für seine Beratung sind.
- Bei internen Programmen kommt der Mentor am besten aus einem anderen Unternehmensbereich.
- *Der Mentor muss mit seinen Erfahrungen und Kompetenzen zu den Zielen des Mentee passen.* Will ein Mentee z. B. ganz wesentlich an seinem Selbstmanagement arbeiten, dann braucht er einen Mentor, der seine Zeit gut im Griff hat.
- *Der Mentor kann den Mentee ergänzen:* Meist ist es sinnvoll, Persönlichkeiten zu matchen, die eher unterschiedlich sind. Das macht das erste Kennenlernen manchmal etwas schwieriger, weil man sich mit Menschen, die einem ähnlich sind, auf Anhieb besser versteht. Bei einer anderen Persönlichkeit kann ein Mentee aber unter Umständen andere Perspektiven und Verhaltensweisen kennenlernen, die ihn ergänzen. Ob das

für den Mentee sinnvoll ist, muss individuell mit ihm in den Interviews vorab besprochen werden.

In den Gesprächen mit den Mentees kann auch diskutiert werden, ob der Mentee einen Mann oder eine Frau als Mentor bevorzugt. Manchmal wünscht sich eine weibliche Mentee einen männlichen Mentor, weil sie überwiegend männliche Kollegen und Vorgesetzte hat und männliche Spielregeln und Strategien besser verstehen will. Oft werden Frauen als Mentorinnen gewünscht, wenn Mentees sich besonderes Verständnis und Empathie für persönliche Schwierigkeiten erwarten. Im Interview kann es sinnvoll sein, solche Einstellungen zu hinterfragen. Durch solche Gespräche bekommen die Organisatoren ein besseres Gefühl dafür, welche persönlichen Eigenschaften ein Mentor oder eine Mentorin haben sollte.

Chemie als Grundlage

Natürlich können sich die Programm-Manager täuschen und Tandems zusammenstellen, die sich nicht verstehen. Das kommt vor, wenn es auch erfahrungsgemäß eher Ausnahmen sind. Die überwiegende Reaktion in Bezug auf das externe Matching ist Begeisterung und Erstaunen darüber, wie gut die Zusammenstellungen erfolgt sind. Zum einen liegt das daran, dass die Programm-Manager sich gut überlegt haben, wer menschlich und von den Zielen und Erfahrungen her zusammenpasst. Zum anderen treffen sich im Mentoring Menschen, die bereit sind, an sich zu arbeiten, auf andere einzugehen und Unterstützung zu geben bzw. anzunehmen. Offenheit und Reflexionsbereitschaft sind eine gute Basis für eine Zusammenarbeit – über die persönliche Chemie hinaus.

Trotzdem ist das persönliche Verstehen entscheidend. Mentees müssen das Gefühl haben, offen reden zu können. Mentoren sollen ihre Zeit gerne investieren. Deshalb sollte es in jedem Mentoring-Programm die Möglichkeit geben, dass Tandems wieder auseinandergehen, wenn sie sich persönlich nicht verstehen. Erfahrungsgemäß schleppen sich Tandems, in denen das nicht funktioniert, über die Zeit. Sie äußern ihre Unzufriedenheit nicht und versuchen, nach außen, dem Tandempartner und oft auch sich selbst gegenüber den Schein zu wahren. In Wirklichkeit ziehen Mentees aus solchen Tandems nicht viel Gutes – oder sogar negative Erfahrungen –, und Mentoren haben wenig Spaß daran.

Ein Beispiel: Eine Mentee in einem Mentoring-Programm kam mit ihrem Mentor nicht zurecht. Sie hatte das Gefühl, dass er ihre Fragestellungen und Themen nicht verstand und sie in ihrem fachlichen Können nicht respektierte. Er gab ihr Ratschläge, mit denen sie nichts anfangen konnte, und sie fühlte sich von ihm nicht ernst genommen. Sie traute sich jedoch nicht, dies ihm gegenüber oder gegenüber den Programm-Managern anzusprechen. Erst bei der abschließenden Evaluation, einem längeren strukturierten Interview am Telefon, kam heraus, dass sie sich eher in negativen Vorerfahrungen mit männlichen Ratgebern bestätigt fühlte und ihr Selbstwertgefühl durch das Mentoring gelitten hatte. So bedauerlich das ist, zu diesem Zeitpunkt ist das nicht mehr auflösbar: Der Mentor ahnte nichts, und sie war zu einem abschließenden klärenden Gespräch nicht bereit. Das Mentoring war vorbei, sodass die Programm-Manager ihr nicht einen Wechsel des Mentors anbieten konnten. Hätte sie ihre Zweifel nach drei Monaten oder spätestens bei der Zwischenveranstaltung geäußert, hätte sich die unpassende Zusammenstellung des Tandems entweder durch klärende Gespräche oder den Wechsel des Mentors lösen lassen. In diesem Fall wurde der Mentee angeboten, sich an der nächsten Runde des Mentoring-Programms wieder zu beteiligen. Eine solche Lösung ist aber nicht immer möglich.

Wechsel von Tandempartnern

Sehr wichtig ist deshalb, dass die Organisatoren des Programms als Ansprechpartner für solche Fragen zur Verfügung stehen und sich von Anfang an auch in dieser Rolle präsentieren. Mentees und Mentoren sollten das Vertrauen haben, sich an sie wenden zu können, wenn sie sich mit ihrem Mentoring-Partner nicht verstehen. Das erreichen Programm-Manager, indem sie dieses Thema von Anfang an offen ansprechen. Sie können deutlich machen, dass ihr Matching – trotz bester Absichten – nicht immer funktionieren muss, und um offene Rückmeldung bitten, falls dies der Fall sein sollte. Meist ist es dann eine Sache des persönlichen Gesprächs, um herauszufinden, ob der Mentee Unterstützung braucht, um mögliche Irritationen mit seinem Mentor selbstständig klären zu können, oder ob die Differenzen so groß sind, dass ein Abbruch des Tandems sinnvoll erscheint. In der Praxis erleben wir, dass Tandems mit diesem Thema sehr verantwortlich umgehen und nicht vorschnell Beziehungen abbrechen. Erfahrungsgemäß gibt es in einer Gruppe von zehn bis zwanzig Tandems meist ein oder zwei Paare, die nicht auf Anhieb oder gar nicht miteinander zurechtkommen und Unterstützung durch die Programm-Manager brauchen.

Informelles Kennenlernen vorab

Eine Mentee erzählte zwei Wochen vor der Auftaktveranstaltung des Programms (Kick-off), wie nervös sie sei. Die Liste der Mentoren und Mentee war den Teilnehmern schon bekannt gegeben worden. Jedoch wusste keiner, welcher Mentee jetzt welchem Mentor zugeteilt würde. Die Mentee befürchtete, eine bestimmte Führungskraft als Mentor zu bekommen, die von den Erfahrungen zu ihrem Profil passen würde, mit der sie aber persönlich nicht zurechtkommen würde. Sie überlegte jetzt schon, wie sie auf dem Kick-off reagieren sollte, wenn dieser *worst case* eintreffen würde.

Oft wird das Kennenlernen der Tandempartner als *blind date* bei der Auftaktveranstaltung inszeniert. Die Tandems erfahren dann erst während der Veranstaltung, wer ihr Tandempartner im Mentoring wird. Das wird von den Teilnehmern nicht immer als witzig empfunden. Wir hören immer wieder, dass Teilnehmer solche Inszenierungen als aufgesetzt empfinden und es – gerade in internen Programmen, wo die Teilnehmer sich persönlich oder vom Hörensagen kennen – manchen schwerfällt, diplomatisch zu reagieren, wenn der Tandempartner auf

Anhieb als nicht passend zur eigenen Persönlichkeit empfunden wird.

Wir raten von solchen *blind dates* ab. Für die Tandems ist das erste Kennenlernen wesentlich leichter, wenn es ungestört unter vier Augen möglich ist. Dafür erhalten die Teilnehmer etwa drei bis vier Wochen vor dem Auftakt den Namen ihres Tandempartners und treffen sich auf eigene Initiative. Bei einem gemeinsamen Mittagessen oder Kaffee findet man unter Austausch von Biografien und ersten Ideen zum Mentoring rasch heraus, ob auch die Chemie passt und ein persönlicher, vertraulicher Austausch mit diesem Menschen »denk- und fühlbar« ist. Anschließend informieren beide Seiten unabhängig voneinander die Programm-Manager, ob sie sich das Mentoring mit dem ausgewählten Partner vorstellen können.

Haben Mentor oder Mentee den Eindruck, dass der Andere kein Mensch ist, dem sie sich anvertrauen können oder den sie begleiten möchten, dann lässt sich das Tandem unbemerkt wieder auflösen und eine neue Konstellation finden. Meist finden sich diplomatische Formulierungen und gute Begründungen, warum das Tandem nicht zusammen ins Mentoring startet. Davon erfährt außer dem Tandem und dem Programm-Management niemand, und es entsteht kein Gesichtsverlust. Die anderen Teilnehmer bekommen das überhaupt nicht mit. Nach einem Kick-off dagegen, bei dem alle Teilnehmer sich kennengelernt haben, fällt es enorm auf, wenn ein Tandem wieder auseinandergeht. Das wird von den Betroffenen als weitaus unangenehmer empfunden, und manchmal wird ein unpassendes Tandem lieber fortgesetzt, als dass nach außen ein »Scheitern« eingestanden würde.

Selbstgesteuertes Matching

Das Matching ist bei den meisten Programmen der zeitaufwendigste Teil in der gesamten Organisation des Mentoring. Uns erscheint es sinnvoller und am ökonomischsten, was Zeit und personellen Aufwand betrifft, diesen Prozess von außen zu steuern. Es mag aber in Unternehmen gute Gründe geben, Prozesse einzuführen, in denen es den Mentoren und Mentees selbst überlassen wird, sich in Tandems zu finden. Wir sehen darin drei grundsätzliche Herausforderungen:

1. Mentees suchen sich überwiegend gleichartige Persönlichkeiten als Mentoren und nicht solche, die sie in ihren Fähigkeiten ergänzen. Unterschiedlichkeit wird oft als irritierend erlebt und deshalb vermieden. Außerdem besteht die Tendenz, sich »klingende« Namen oder Personen, die sich selbst gut verkaufen, als Mentoren auszuwählen. Die etwas stilleren, nicht im Rampenlicht wirkenden Führungskräfte sind aber erfahrungsgemäß ebenso gute Mentoren. Der Auswahlprozess sollte die Mentees deshalb dabei unterstützen, sich selbst Klarheit zu verschaffen, nach welchen Kriterien sie die Mentoren auswählen.
2. »Begehrte« Mentoren kommen in diesen Prozessen in die Verlegenheit, Anfragen von Mentees ablehnen zu müssen. Manchen fällt das leicht. Wir haben aber auch immer wieder Mentoren erlebt, die das als schwierig oder ärgerlich empfinden, weil ihnen Absagen unangenehm sind und diese – wenn sie dafür persönliche Gespräche führen – Zeit kosten, die sie dafür nicht investieren wollen. Gutmütige (oder sich selbst überschätzende) Mentoren nehmen unter Umständen auch mehr Mentees an, als sie zeitlich bewältigen können, was wiederum alle Beteiligten mit dem Prozess oder dem Ergebnis unzufrieden zurücklässt. Das Matching muss eine Möglichkeit finden, wie Mentoren diplomatisch und ohne großen Zeitaufwand vermitteln können, dass sie keinen Mentee mehr annehmen können.
3. Da Mentees und Mentoren selbst die Verantwortung für die Zusammenstellung des Tandems tragen, haben sie auch die Verantwortung, wenn sich das Tandem als Missgriff erweist. Dann kann man die Schuld nicht den Programm-Managern zuweisen. Das macht es schwieriger, ein Tandem wieder aufzulösen, und bedarf einer erhöhten Unterstützung durch die Organisatoren.

Die Prozesse, Mentees und Mentoren zusammenzubringen, erscheinen uns insgesamt wesentlich zeitaufwendiger als der »grüne Tisch«, an dem Tandems ohne ihr Zutun zusammengestellt werden. Oft finden aufwendig konzipierte »Märkte« statt, ausführliche Profile von Mentees und Mentoren müssen geschrieben oder spezielle Programme für das Intranet konzipiert werden, damit sich die Teilnehmer gegenseitig präsentieren und kennenlernen können. Die Chance, alle Teilnehmer zeitlich zu einer gemeinsamen Matching-Veranstaltung zusammenzubringen, ist bei Führungskräften gering. Die Programm-Manager müssen meist dann doch nachsteuern.

Den Programm-Organisatoren spart das kaum Zeit, für die Teilnehmer ist der Auswahlprozess wesentlich aufwendiger. Unserem Eindruck nach kommen dadurch auch nicht besser zueinander passende und motiviertere Tandems zustande.

Planung des Rahmenprogramms

Schließlich ist es Teil des Konzepts, das Rahmenprogramm zu planen. Dies erfüllt zwei Ziele:

Ein Teil der Veranstaltungen dient der Unterstützung beim Mentoring. Die Tandems erhalten Anregungen und Informationen für die Gestaltung des Mentoring. Sie geben während des Prozesses Rückmeldung über den Verlauf und tauschen sich untereinander über ihre Erfahrungen im Mentoring aus.

Das Rahmenprogramm kann auch den übergeordneten Zielen des Mentoring dienen und zusätzliche Workshops, Trainings oder Coaching anbieten, die diesen Zielen dienen. Ist Mentoren-Qualifizierung ein Ziel, so kann das Rahmenprogramm diesbezüglich Angebote machen. Bei Programmen, die der Förderung bestimmter Gruppen dienen, können hier weitere Maßnahmen angeboten werden. Hierbei findet auch die Verknüpfung zu anderen bereits bestehenden Programmen in Organisationen statt. Auf die Inhalte solcher Veranstaltungen gehen wir genauer im folgenden Kapitel ein.

2.3 Rahmenprogramm

Im Folgenden skizzieren wir ein Rahmenprogramm, wie es unserer Erfahrung nach in vielen Organisationen erfolgreich verläuft. Selbstverständlich müssen Programm-Manager diese Anregungen daraufhin überprüfen, ob und in welchen Abwandlungen sie in ihren Organisationen sinnvoll sind.

Auftakt

Der Auftakt (Kick-off) ist das erste Zusammentreffen der gesamten Teilnehmergruppe. Dabei werden Informationen vermittelt, die für alle Teilnehmer wichtig sind, damit sie das Mentoring in der Folge eigenständig organisieren können. Außerdem bietet der Auftakt die Gelegenheit, sich untereinander kennenzulernen und ein Netzwerk der Teilnehmer zu fördern. Meist sind alle neugierig darauf zu sehen, welche jungen Nachwuchskräfte gefördert werden und wer sich als Mentor oder Mentorin engagiert.

Wir gehen, wie oben erwähnt, davon aus, dass die Tandems sich vor dem Auftakt bereits kennengelernt haben. Kennen sich die Tandems vor dem Auftakt nicht, so geht beim Kick-off viel Energie in die Beobachtung des Tandempartners, in erste Annäherungen und in die innere Auseinandersetzung mit der Frage, ob der Partner wohl zu einem passt. Für andere Informationen über das Mentoring bleibt dann wenig innere Aufmerksamkeit übrig. Auch die Bereitschaft, sich auf andere Teilnehmer als den Tandempartner einzulassen, ist eher gering. Hat sich das Tandem vorher kennengelernt und will das Mentoring gemeinsam angehen, so steht während des Auftakts Energie und Aufmerksamkeit für die anderen Teilnehmer und Informationen rund um das Mentoring zur Verfügung.

Interessante Elemente eines Auftakts können sein:

- Übungen, die die Teilnehmer untereinander in Kontakt und in den Austausch bringen (soziometrische Aufstellungen, Gesprächsvorgaben in wechselnden Kleingruppen, spielerische

Aufgaben zum Kennenlernen). Je nach Unternehmenskultur muss das zu den Teilnehmern passen und sollte nicht als aufgesetzt empfunden werden.

- *Vorstellungsrunde der Teilnehmer:* Je nach Teilnehmerzahl und den gestellten Fragen zur Selbstpräsentation kann das spannend oder sehr ermüdend sein. Lebendiger werden Vorstellungsrunden in kleineren Untergruppen. Oft ist es interessant und amüsant zu hören, wie das Tandem sich gemeinsam vorstellt und erste Eindrücke der ersten Begegnung schildert. Oft werden dabei lustige Begebenheiten beschrieben. Allerdings ist es ratsam, dass sich Mentees und Mentoren nicht gegenseitig vorstellen, sondern jeder Teilnehmer selbst zu Wort kommt, da visuelle und optische Eindrücke einen großen Erinnerungswert für die Anderen haben.
- *Würdigung des Programms und Engagements durch den Sponsor:* Ein Mitglied der Geschäftsleitung kann den Stellenwert des Mentoring im Unternehmen erhöhen, indem er an der Veranstaltung teilnimmt oder zumindest ein paar Worte spricht. Er kann die mit dem Mentoring verfolgten Ziele darstellen und deren Bedeutung unterstreichen. Und er kann das freiwillige und zusätzlich zu sonstigen Aufgaben geleistete Engagement der Mentoren zur Förderung von jungen Menschen würdigen sowie die Mentees dazu motivieren, diese Chance auch intensiv zu nutzen.
- *Darstellung der Ziele des Mentoring in der Organisation:* Die Teilnehmer wollen meist sehr genau wissen, was mit dem Mentoring bezweckt wird, in welchem Rahmen sie mitwirken und was die Erwartungen an sie sind. Deshalb sollten die Veranstalter des Mentoring die Ziele, den erwarteten Nutzen, die wichtigsten Schritte der Organisation sowie das Rahmenprogramm skizzieren. Meistens interessiert es die Teilnehmer besonders zu erfahren, nach welchen Kriterien die Tandems gebildet wurden, und es ist sinnvoll, das noch einmal generell (nicht für jedes Tandem einzeln) nachvollziehbar zu machen. An dieser Stelle können die Programm-Manager sich auch als Ansprechpartner für mögliche Schwierigkeiten eines

Tandems miteinander präsentieren und um das Vertrauen werben, dass sich die Teilnehmer in einem solchen Fall an sie wenden.

- *Informationen zum Ablauf des Mentoring:* Hier kann dargestellt werden, wie Mentoring vom Tandem selbst organisiert werden kann, welche Aktivitäten möglich sind, welche Gemeinsamkeiten und Unterschiede zu Coaching und Patenschaften existieren und für welche Themen Mentoring sich eignet. Fragen rund um die Rollengestaltung lassen sich vielleicht besser in getrennten Einführungsworkshops für Mentees und Mentoren behandeln.

Um die Bildung eines Netzwerks unter den Teilnehmern anzuregen, bietet es sich an, die Veranstaltung mit einem kleinen Empfang ausklingen zu lassen. Oft kennen sich selbst bei internen Programmen viele Führungskräfte nicht untereinander und finden es interessant, sich auszutauschen.

Einführungsworkshops

Die Einführungsworkshops dienen dazu, die Mentoren und Mentees in ihre Rollen einzuführen. Sie sollten vielleicht besser für Mentees und Mentoren getrennt voneinander veranstaltet werden, da die Rollen verschieden sind. Der Austausch und die Anregungen der jeweiligen »Rollen-Kollegen« sind für die Teilnehmer interessant.

Die Rollen von Mentoren und Mentees haben wir in Teil 1 bereits ausführlich dargestellt (siehe S. 39). Ziel der Workshops sollte sein, die Rollen im Wesentlichen verständlich zu machen, nicht, dass alle Mentoren und Mentees die identische Auffassung über ihre jeweilige Rolle gewinnen. Jeder Mentor und jeder Mentee definiert sie, je nach Persönlichkeit und Vorerfahrung, ein bisschen anders. Genau deshalb ist es wichtig, dass die Teilnehmer ihre jeweilige Rolle nicht nur »präsentiert« bekommen. Sich die Rolle in Gesprächen mit »Rollenkollegen« zu erarbeiten, ist weit eindrücklicher und löst meistens wichtige Reflexionsprozesse über die persönliche Rollengestaltung aus.

Elemente von Einführungsworkshops für Mentoren

Rollenklärung

Im Mittelpunkt des Mentoren-Workshops steht der Austausch über die Verantwortung als Mentor. Meist wird diese Verantwortung als sehr groß empfunden (»helfen«, »Ratschläge geben, dass der Mentee vorankommt«, »Lösungen für den Mentee finden«). Im Einführungsworkshop geht es darum, die Mentoren einerseits zu entlasten und ihnen deutlich zu machen, dass sie bei der Lösungsfindung eine unterstützende Rolle haben. Andererseits ist den Mentoren meist weniger bewusst, dass sie insbesondere bei der Findung eines gemeinsamen Rahmens und bei der Moderation der Gespräche eine tragende Rolle haben.

Hilfreiche Fragen an Mentoren können sein:

- Welche Verantwortung wollen Sie im Mentoring übernehmen?
- Welche Verantwortung sehen Sie beim Mentee?
- Welche Aufgaben entstehen für Sie aus dieser Verantwortung heraus?
- Welche Aufgaben sehen Sie beim Mentee?

Die Fragen und Antworten tragen auch dazu bei, die eigenen Erwartungen an den Mentee und dessen Rollengestaltung zu klären. Dieser Teil des Workshops – zusammen mit der Rollenklärung – bereitet die Mentoren auf ihr erstes »Arbeitsgespräch« mit den Mentees vor, in dem es darum geht, die gegenseitigen Erwartungen und Rollenvorstellungen sowie den gemeinsamen Rahmen für das Mentoring zu klären (Vereinbarungen über den Rahmen des Monitoring siehe S. 66).

Abbau von hinderlichem Respekt

Ein wichtiges Thema bei der Einführung ist, die Mentoren für den Respekt zu sensibilisieren, mit dem viele Mentees ihnen anfangs begegnen. Die Mentoren sind in Positionen, die den Mentees häufig große Hochachtung einflößen. Gleichzeitig fühlen sich die Mentees unsicher, ob ein Mentor in einer höheren Führungsposition ihre Fragen und Schwierigkeiten nicht als »banal« empfinden könnte. Hier liegt es am Mentor, diesen Respekt abzubauen, indem er diese mögliche Befürchtung des Mentee offen anspricht und von eigenen Schwierigkeiten, die ihn heute oder als junge Führungskraft bewegten, erzählt.

Hilfreich im Einführungsworkshop ist auch eine Diskussion darüber, was im Mentoring nicht passieren sollte – und was Mentoren dazu beitragen könnten, um dies zu verhindern. Die Mentoren befürchten oft Unverbindlichkeit, mangelnde Umsetzung oder oberflächliche Gespräche. Mithilfe der Checkliste für das Erstgespräch können diese Themen angesprochen und gemeinsame Vereinbarungen dazu gefunden werden. Wir ermutigen Mentoren auch dazu, ein Mentoring zu beenden, wenn sie aufgrund des Verhaltens des Mentee die Motivation verlieren, sich zu engagieren, und Gespräche dazu nichts verändern.

Hinterfragen der eigenen Perspektive

Zur Verantwortung der Mentoren gehört es, zu einem gelingenden Kooperationssystem zwischen Mentee und Mentor beizutragen (Aufbau und Erhalt der Kooperation, S. 41). Dafür ist die Bereitschaft des Mentors grundlegend, seine eigene Perspektive, seine »Sicht auf die Welt« immer wieder zu hinterfragen – und umgekehrt die Sicht des Mentee verstehen zu wollen. Deshalb ist es ratsam, dieses Thema in den Einführungsworkshop für Mentoren aufzunehmen.

Struktur für das Gespräch
Hilfreich für Mentoren ist oft ein Leitfaden, wie sie ein Mentoring-Gespräch moderieren und strukturieren können (wie bereits dargestellt auf S. 44). Es ermöglicht ein systematisches Vorgehen, in dem erst an Lösungen gearbeitet wird, wenn die Situation des Mentee genau erkundet wurde.

Erkundung einer Situation mit systemischen Fragen
Wenn im Einführungsworkshop genügend Zeit vorhanden ist, kann der Fragen-Fundus der Mentoren mit systemischen Fragen erweitert werden (vgl. Systemischer Fragenkatalog, S. 69).

Beratung üben im Einführungsworkshop
Wir raten eher davon ab, Mentoren im Einführungsworkshop bereits im Rollenspiel eine Beratung üben zu lassen. Zum einen werden im Workshop bereits eine Menge Informationen vermittelt, die erst einmal »sacken« müssen. Zum anderen erwarten Mentoren meist nicht, sich im Einführungsworkshop in dieser Form »zeigen« zu müssen, und der Widerstand gegen solche Übungen ist oft ziemlich groß. Die Befürchtung, sich vor den Kollegen als »schlechter« Mentor zu erweisen, überwiegt vor dem Nutzen, ein anregendes Feedback zu erhalten. Die Zeit in einem Einführungsworkshop reicht meist nicht aus, um genügend Vertrauen und Offenheit für Rollenspiele oder Beratungsübungen zu erzeugen. Sinnvoller erscheint es uns, die Mentoren mit dem Mentee erste Erfahrungen in der Beraterrolle sammeln zu lassen und ihnen dann in speziellen Beratungs-Knowhow-Workshops die Möglichkeit zu geben, ihr beraterisches Können – auch in Übungen – zu vertiefen. Kleinere Übungen, wie zum Bezugsrahmen oder zu den systemischen Fragen, werden dagegen erfahrungsgemäß gut angenommen und als hilfreich empfunden.

Elemente von Einführungsworkshops für Mentees
Zeitgleich zum Mentoren-Workshop werden auch die Mentees in ihre Rollen eingeführt. Oft sparen sich Organisationen diese

Workshops und beschränken sich auf Einführungen für Mentoren. Die Mentoren müssen dann die Aufgabe der Rollenklärung mit den Mentees übernehmen, was nicht immer geschieht. Sie betrachten dies als Aufgabe der Organisatoren. Das kann dazu führen, dass das Mentoring von den Mentees nicht intensiv genutzt wird. Dabei reicht ein halber Tag erfahrungsgemäß, um die Mentees gründlich auf ihre Rolle als Mentee vorzubereiten.

Erarbeitung der Rolle

Auch im Mentee-Workshop geht es darum, bei den Mentees mit ähnlichen Fragen wie in der Mentoren-Einführung Klarheit über ihre Verantwortung und ihre Aufgaben zu schaffen und die Mentees in eine Diskussion über ihre Rollenvorstellungen zu bringen. Auch hier sollten die Mentees darüber reden, was im Mentoring nicht passieren sollte und wie ihr Beitrag aussehen könnte, um das zu verhindern. Das bereits oben erwähnte Thema Respekt sollte ebenfalls an dieser Stelle mit den Mentees diskutiert werden, und die Mentees sollten ermutigt werden, das Mentoring nicht nur für die »großen, wichtigen« Fragen zu nutzen, sondern auch für »normale« Fragen aus dem beruflichen Alltag. Auch der Hinweis, dass dieses Thema im Einführungsworkshop mit den Mentoren besprochen wird, wirkt meist entlastend.

Ziele und Themen für das Mentoring

Wenn die Mentees sich untereinander über die Ziele und Themen im Mentoring austauschen, erweitert das den »Themenspeicher« jedes Einzelnen. Da die Mentees im Workshop als Gruppe zusammen sind, bietet es sich an, die Dynamik der Gruppe zu nutzen. Als sehr bereichernd haben Mentees es empfunden, die unten dargestellte Assoziationsübung zu machen und anschließend Zeit zu haben, ihre Ziele in Ruhe für sich aufzuschreiben.

Assoziationsübung zur Zielfindung

Alle Stühle werden zur Seite gerückt, jeder Mentee sucht sich einen Partner, und beide bestimmen, wer A und wer B ist. Der Trainer gibt die Anweisungen für diese Übung und achtet auf die Einhaltung der Zeit.

- A erzählt zunächst B zwei Minuten lang, was er beruflich gerne macht, was ihm an seiner Arbeit Spaß macht, was ihn motiviert, warum er gerne arbeitet und welche Tätigkeiten ihm besonders Spaß machen.
- B gibt A eine Minute lang Rückmeldung, wie das, was A erzählt hat, bei ihm angekommen ist und wobei er Energie gespürt hat.
- Jetzt erzählt B zwei Minuten, was er beruflich gerne macht, was ihm an der Arbeit Spaß macht, was ihn motiviert, warum er gerne arbeitet und welche Tätigkeiten ihm besonders Spaß machen.
- A gibt B eine Minute lang Rückmeldung.

Anschließend verabschiedet sich jedes Paar voneinander, jeder sucht sich einen neuen Partner und beide bestimmen A und B.

- Wiederholung der Schritte 1–4 mit vertauschten Rollen

Noch einmal verabschiedet sich jedes Paar voneinander und jeder sucht sich einen neuen Partner, beide bestimmen A und B. Jetzt kommt eine neue Aufgabe:

- Jetzt schildert A zwei Minuten lang, wie ein Arbeitstag bei ihm in circa drei Jahren aussieht: Wo befindet er sich, an welchen Projekten arbeitet er, welche Tätigkeiten machen ihm Spaß, wie genau kann er seine Stärken in die Arbeit einbringen? So konkret wie möglich. Wenn B es nicht versteht oder die Ausführungen nicht konkret genug sind, bitte nachfragen.
- B gibt A zwei Minuten lang Rückmeldung.
- B schildert A zwei Minuten lang seinen Arbeitstag in drei Jahren.
- A gibt B eine Minute lang Rückmeldung.

Jedes Paar verabschiedet sich voneinander. Jetzt bekommen alle etwa eine Viertelstunde Zeit, die gewonnenen Ziele und Erkenntnisse aufzuschreiben und für sich abzuleiten, welche Themen daraus für das Mentoring entstehen könnten.

Themen anhand des »Fokus-Fensters« ermitteln
Eine weitere Möglichkeit, Themen für das Mentoring zu ermitteln, bietet das »Fokus-Fenster«. Dazu zeichnet der Trainer auf eine mit Papier versehene Pinnwand vier gleich große Quadrate. Jedes erhält eine der folgenden Überschriften:

Persönlichkeit	Beziehung
Organisation	andere Themen

Persönlichkeit: Hier stehen alle Themen, die mit dem Einzelnen zu tun haben, etwa Selbstmanagement, Zeitmanagement, Arbeit an spezifischen Stärken etc.

Beziehung: Hier stehen Themen, die mit Beziehungen zu anderen Menschen zu tun haben, etwa Kontakt zum Vorgesetzten, Konflikt mit Kollegen etc.

Organisation: Hier stehen Themen, die mit der Organisation zu tun haben, etwa informelle Spielregeln etc.

Andere Themen: Hier stehen Themen, die nicht in eines der drei anderen Felder einzuordnen sind.

Jetzt werden die Teilnehmer gebeten, aufzustehen und die Themen, die ihnen für das Mentoring einfallen, in die jeweiligen Quadrate zu schreiben. Wichtig ist, dass der Trainer nicht zu viele Vorgaben bezüglich der Themen macht, damit die Teilnehmer angeregt werden, über eigene Themen nachzudenken. Auch hier können Sie ermutigt werden, »kleine« Themen ebenfalls wichtig zu nehmen und im Mentoring zu besprechen (Kleiderordnung, Benimm-Regeln, kleinere Irritationen), es müssen nicht immer die »großen« Themen sein. Oft kommt ein buntes Angebot an Themen zusammen, das Anregungen für die kommenden Gespräche bereithält.

Fälle, Themenbuch und Nacharbeit

Wichtig ist, die Mentees dazu anzuregen, weniger mit allgemeinen Themen zu ihren Mentoren zu kommen (»Wie motiviere ich meine Mitarbeiter?«), sondern mit ihren spezifischen Situationen und Fällen (»Wie gehe ich mit dem Mitarbeiter XY um, der nicht motiviert scheint?«). Dazu kann es hilfreich sein, dass die Mentees für das Mentoring ein Themenbuch anlegen, in dem sie sich nach schwierigen Situationen aus ihrem Alltag ein paar Notizen machen können, die dann Grundlage für die Besprechung des Falls mit dem Mentor sein können. Sonst geraten diese Situationen oft bis zum nächsten Gespräch mit dem Mentor in Vergessenheit. Das Themenbuch kann auch dazu dienen, sich Notizen über Erkenntnisse und Schlüsse aus dem Gespräch mit dem Mentor zu machen, um sich in der Folge daran zu erinnern. Die besten Erkenntnisse werden im »Sog des Alltags« oft schnell wieder vergessen, wenn man sie nicht immer wieder nachliest.

Feedback geben

Für die Mentoren ist es wichtig, von den Mentees Feedback über ihre Vorgehensweise in der Beratung zu bekommen. Die Rolle ist neu und muss sich erst entwickeln. Das gelingt auch durch das Feedback des Mentee. Deshalb ist es wichtig, die Mentees zu ermutigen, ihren Mentoren dieses Feedback zu geben und ihnen die Grundregeln des Feedbacks in Erinnerung zu rufen oder zu vermitteln.

Feedback-Veranstaltung

Meist haben Mentees zum Start des Mentoring viele persönliche Themen und Fragestellungen, die sie mit ihrem Mentor im ersten halben Jahr gemeinsam erarbeiten. Danach scheint es vielen Mentees, als hätten sie nicht mehr genügend Gesprächsthemen für die weitere Mentoringzeit. In vielen Programmen dauert das Mentoring ein Jahr lang, deshalb kann eine Feedback-Veranstaltung zur »Halbzeit« den Teilnehmern Anregungen zu weiteren Themen bieten. Alle Teilnehmer werden gemeinsam zu dieser Veranstaltung eingeladen und gebeten, von ihren bisherigen

Erfahrungen, Erkenntnissen, Lernerfolgen zu berichten – natürlich nur insoweit, wie sie das persönlich möchten. Anregend ist dabei, mit Metaphern zu arbeiten, etwa:

- Beschreiben Sie Ihr Tandem – als Fahrrad – und Ihre Arbeitsverteilung: Wer lenkt, wer tritt, wer bremst, was geschieht noch …?
- Welche wertvollen Erkenntnisse und Erfahrungen konnten Sie bisher in Ihren Rucksack packen?
- Welche wichtigen Stationen haben Sie auf Ihrer gemeinsamen Tour bisher angefahren?
- Gab es auch Stolpersteine auf dem Weg, und wie haben Sie diese gemeistert?

Das inspiriert meistens zu lebendigen Berichten aus den Tandems.

Ein weiteres Ziel der Zwischenveranstaltung kann sein, die Teilnehmer noch einmal auf die Bedeutung hinzuweisen, die ein Feedback zum Mentoring für das Tandem hat. Anregend kann hier die unten aufgeführte Checkliste sein, die den Mentees und Mentoren als Grundlage für ihre Vorbereitung eines solchen gemeinsamen Gesprächs dienen kann. Meist bietet es sich nicht an, die Tandems dieses Gespräch auf der Zwischenveranstaltung selbst führen zu lassen. Die Tandems sind nie alle da, sodass einzelne Mentees oder Mentoren keine Gesprächspartner haben. Außerdem braucht ein solches Gespräch Vorbereitung und einen ruhigen, ungestörten Rahmen. In der Feedback-Veranstaltung kann nur auf die Bedeutung eines solchen Gesprächs verwiesen werden.

Checkliste: Feedback zum Mentoring

Die »Halbzeit« des Programms ist ein guter Anlass, einmal die Mentoring-Beziehung selbst in den Mittelpunkt eines Gesprächs zu stellen. Die folgende Checkliste kann Ihnen dabei behilflich sein, die bisherige Zeit Revue passieren zu lassen – als Anregung zur eigenen Vorbereitung eines solchen Gesprächs wie auch als Leitfaden zu dessen Durchführung.

- Was schätzen Sie an Ihrem Tandempartner? Weiß er das?
- Welche Ziele hat der Mentee sich zu Beginn des Mentoring gesteckt? Welche Ziele haben Sie bereits erreicht? Welche sind noch offen? Welche sind neu hinzugekommen? Was steht für die nächsten Treffen auf der Agenda?
- Was haben Sie als Mentee gelernt, für sich mitgenommen? Welche wichtigen Erkenntnisse/Schritte haben Sie in der bisherigen Zeit gemacht? Was würden Sie gerne darüber hinaus noch mitnehmen, welche Schritte gerne machen?
- Was haben Sie als Mentor mitgenommen, was macht Ihnen Freude an dem Engagement? Was würden Sie eventuell gerne anders machen?
- Konnten Sie neben den Gesprächen auch andere Aktivitäten (Begleitung, Besuch am Arbeitsplatz, Knüpfen von Kontakten) durchführen? Wenn nein, woran lag es? Sind beide mit den derzeitigen Aktivitäten zufrieden?
- Haben Sie sich so oft getroffen, wie Sie es sich vorgenommen haben? Wenn nein, warum nicht? Woran lag es bei Ihnen selbst, woran beim anderen? Wie könnten Sie etwas verändern?
- Haben Sie das Gefühl, dass die zusätzlichen telefonischen oder E-Mail-Kontakte ausreichend waren, oder hätten Sie gerne einen intensiveren Kontakt zwischen den Treffen?
- Wer von Ihnen hat in der Regel die Initiative zur Vereinbarung eines Treffens ergriffen? Sind Sie beide damit zufrieden, oder vermissen Sie beim anderen das gewünschte Engagement?
- Verlaufen die Treffen ungestört, passt der Rahmen (Ort, Zeiten, Spielregeln)? Was gäbe es zu verbessern?

- Sind Sie als Mentee mit der Art der Beratung durch den Mentor einverstanden oder wünschen Sie sich etwas anderes? Was wäre das?
- Haben Sie den Eindruck, sich inzwischen gut in Ihren Gemeinsamkeiten und Unterschieden kennengelernt zu haben? Gibt es noch etwas, was Sie genauer voneinander wissen möchten?
- Haben Sie als Mentee das Gefühl, sich Ihrem Mentor öffnen zu können? Wenn nicht, woran liegt das – was könnten Sie ändern? Was wünschen Sie sich vom anderen, um sich mehr öffnen zu können?
- Geben Sie sich regelmäßig Feedback über die Art Ihrer Zusammenarbeit? Wollen Sie das für die Zukunft vereinbaren?

Abschluss-Veranstaltung

Der Abschluss dient dazu, Bilanz über das Erreichte zu ziehen und die Tandempartner auf einen Rollenwechsel vorzubereiten. Beides sollten die Tandems nach der Abschlussveranstaltung in einem abschließenden gemeinsamen Gespräch unter vier Augen machen. Die Veranstaltung selbst kann die nötigen Informationen dazu liefern (siehe „Abschluss des Mentoring", S. 63).

Am Ende des Mentoring sollte das Engagement der Mentoren unbedingt von der Programmorganisation und/oder dem Sponsor gewürdigt werden. Denn die Mentoren engagieren sich freiwillig für junge Potenzialträger und leisten damit einen wertvollen Beitrag und ein wertvolles Vorbild für das gesamte Unternehmen. Das kann in Form einer besonderen Ansprache erfolgen, oder auch durch ein kleines Präsent, das ihnen beim Abschluss übergeben wird.

2.4 Umgang mit Schwierigkeiten

Unserer Erfahrung nach ist Mentoring ein größtenteils unproblematischer Prozess, wenn dieses gut konzeptioniert ist. Die am ehesten auftretenden Schwierigkeiten beziehen sich auf die Chemie des Tandems und auf die im Folgenden skizzierten Aspekte.

Zeit

Vertrauen und intensive Gespräche stellen sich vor allem dann ein, wenn das Tandem sich regelmäßig trifft. Terminverschiebungen können vorkommen, müssen aber die Ausnahme bleiben. Eine Absage ist immer auch ein Signal an den Partner, dass einem die Treffen nicht so wichtig sind und sie zugunsten anderer wichtiger Themen oder Termine zurückstehen müssen. Das mag in einzelnen Fällen zutreffen und auch erklärbar sein. Kommt es öfter vor, dann hat der Partner den Eindruck, dass die Mentoring-Gespräche nicht entscheidend sind. Ein Mentee wird dann das Gefühl bekommen, den Mentor mit der Bitte um ein Gespräch eher verschonen zu sollen, und er wird nicht mehr mit Offenheit von komplexeren Themen erzählen. Ein Mentor entwickelt bei häufigen Absagen durch den Mentee die Fantasie, dass seine Beratung für den Mentee nicht passt, und bleibt verunsichert zurück. Daher halten wir es für enorm wichtig, die Termine einzuhalten und so wenig wie möglich zu verschieben.

Unserer Beobachtung nach sind es eher die Mentees, die Termine zugunsten des »Tagesgeschäfts« verschieben. Mentoren haben in der Regel eine gute Zeitplanung und sind sich bewusst, dass eine Absage auch eine entmutigende Wirkung auf den Mentee haben kann. Oft weisen kurzfristige Absagen durch den Mentee auf grundlegende Probleme seines Zeitmanagements hin oder auf seine Schwierigkeiten, sich abzugrenzen oder Prioritäten zu setzen. Diese können dann gut am Beispiel dieser Absagen aufgenommen und bearbeitet werden.

Gelegentlich kommt es vor, dass ein Mentor oder ein Mentee an einen anderen Standort versetzt wird und regelmäßige Mentoring-Treffen aufgrund der räumlichen Distanz nicht mehr möglich sind. Wenn das Tandem schon einige Monate zusammen und das Vertrauensverhältnis gewachsen ist, dann löst das meist kaum Probleme aus. Solche Tandems können das Mentoring auch mit ausführlichen Telefonaten und Mailkontakten fortsetzen, und sie organisieren meist auch Treffen in größeren Abständen. Passiert das während der Findungsphase, wird das besonders von Mentees als frustrierend empfunden und verhindert oft das Entstehen von Vertrauen und Offenheit. Unserer Erfahrung nach sind regelmäßige persönliche Treffen besonders in den ersten vier, fünf Monaten für das vertiefte Kennenlernen und das Entstehen einer guten Vertrauensbasis entscheidend.

Räumliche Distanz

Immer wieder gibt es interne oder Cross-Mentoring-Programme, in denen die Tandems standort-, städte- oder länderübergreifend gebildet werden. Ein Mentor sitzt in Düsseldorf, die Mentee in Warschau oder der Mentor in London und die Mentee in Essen. Gute Terminplanung ist hier die besondere Herausforderung. Das funktioniert, wenn einer der Partner (oder beide) regelmäßig den Standort des Anderen besucht und die Termine so frühzeitig festgelegt sind, dass beide dann auch Zeit für ein ausgiebiges Treffen haben. Wir haben Tandems erlebt, die ihre Terminkalender so gut aufeinander abgestimmt haben, dass sie sich regelmäßig in Flughafen-Lounges getroffen haben und gute Gespräche führen konnten. Das erfordert eine hohe Verbindlichkeit und viel Disziplin. Oft scheitern Tandems eben auch genau daran.

Wir raten, Tandems zu bilden, die nicht mehr als eine Stunde Fahrzeit zueinander haben. In Programmen, die standortübergreifend sind, halten wir es für wichtig, den Umgang mit Zeit und Verbindlichkeit schon bei der Auswahl von Mentees und Mentoren zu thematisieren und Teilnehmern, die hier Bedenken äußern, mit einem Tandempartner in der Nähe entgegenzukommen oder sie nicht für das Programm zu berücksichtigen. Auch in den Einführungsworkshops sollte hier noch einmal ein Schwerpunkt gesetzt werden.

Rollenverständnis

Ausführlich haben wir bereits unser Rollenverständnis dargelegt und auch gezeigt, welche Rollenauslegungen wir für problematisch halten. Erfahrungsgemäß entfalten Mentoring-Prozesse nicht die mögliche Wirkung, wenn diese Rollen nicht erkannt, individuell ausgestaltet und wahrgenommen werden. Aus diesem Grund halten wir die gute Rollen- und Haltungsklärung zu Beginn für wesentlich. Häufig werden die Rollen nicht »absichtlich« missinterpretiert, sondern aus mangelnder Erfahrung.

2.5 Begleitende Qualifizierung von Mentoren und Mentees

Beratungs-Knowhow für Mentoren

Ein begleitendes Workshop-Angebot signalisiert Mentoren, dass man sie mit ihrer neuen Aufgabe nicht alleine lässt, sondern Unterstützung für dieses Engagement bieten will. Außerdem ist es eine Gelegenheit, höheren Führungskräften Fortbildung und Selbstreflexion zu ermöglichen, für die sie ansonsten oft weniger Zeit investieren. Erfahrungsgemäß werden diese Angebote aber nur von einem kleineren Teil der Mentoren angenommen. Die, die sich dafür Zeit nehmen, finden das, bei entsprechender Qualität der Maßnahme, stets sehr lohnenswert.

Sinnvoll für diese Workshops halten wir einen Dreiklang aus:

- *beraterischen Impulsen:* Modelle, Theorien, die für ihre Rolle als Mentoren und Führungskräfte oder für konkrete Situationen im Mentoring hilfreich sind
- *praktischem Üben der Beraterrolle,* um Rückmeldung zu Stärken und Verbesserungsmöglichkeiten des eigenen Vorgehens als Berater zu erhalten
- *Reflexion der eigenen Rolle und Persönlichkeit,* um zu erkennen, wie eigene Persönlichkeitsanteile und das eigene Weltbild in die Beratung einfließen.

Themen solcher Workshops können demnach, je nach Umfang, sein:

- Üben der Beraterrolle im Workshop, Feedback zum eigenen Vorgehen, Beobachtung anderer beim Beraten
- Möglichkeit, auf die eigene Persönlichkeit Feedback und Spiegelung zu erhalten
- Möglichkeit, für eigene schwierige Führungssituationen Feedback und Anregungen zu erhalten

- Übungen, die das Vertrauen in die eigene Intuition als Berater verstärken
- Übungen und Impulse zur Kommunikation im Mentoring, mit Kollegen, Mitarbeitern oder im Team
- Übungen und Impulse, die es Mentoren ermöglichen, typische »Beziehungsmanipulationen« in Berater- und Berufssituationen zu erkennen (zum Beispiel »Ja, aber-Spiele«)
- Übungen und Impulse, um Stress- und Antreiberdynamiken bei sich und Anderen zu erkennen und hilfreich konfrontieren zu können
- Übungen und Impulse, um Konfliktdynamiken zu erkennen und Mentees in Konflikten konstruktiv beraten zu können; auch Erkennen der eigenen Grenzen in der Beratung.

Kleingruppencoaching für Mentoren oder Mentees

Im Kleingruppencoaching können Mentees oder Mentoren – getrennt voneinander – Fragen besprechen, die das Mentoring betreffen: Mentoren können sich Anregungen zu ihrer Beratung holen, und Mentees können Themen besprechen, bei denen sie mit ihrem Mentor nicht weiterkommen.

Im Kleingruppencoaching berät der Trainer einen Fall. Die anderen Teilnehmer profitieren vom Beobachten des Prozesses. Der Trainer kann auch eine kollegiale Beratung moderieren, in der die Teilnehmer den Ratsuchenden beraten. Die bietet sich besonders im Kleingruppencoaching für Mentoren an, da die Mentoren dabei gleichzeitig Rückmeldung zu ihrem Beratungsverhalten bekommen.

Workshop für Mentees und Mentoren: Umgang mit Unterschieden

Wenn unterschiedliche Persönlichkeiten gematcht werden, äußern Mentees immer wieder die Befürchtung, ob ihr Mentor sie überhaupt verstehen wird oder seine Ratschläge für sie hilfreich sein können, weil er so anders ist als sie selbst. Ein wirkungsvolles Angebot ist hier ein Workshop »Umgang mit Unterschieden«, der sich gemeinsam an Mentoren wie Mentees richtet.

Mithilfe einfacher Persönlichkeitsmodelle – wie z. B. Ich-Es- vs. Ich-Du-Beziehungstyp (Schmid 2004, S. 35) oder Riemannsche Verhaltenstendenzen – kann erarbeitet werden, wo die Gemeinsamkeiten und Unterschiede eines Tandems liegen, was jeder vom anderen lernen kann und welche Perspektiven unter Umständen beiden aus dem Blick geraten. Erfahrungsgemäß erhöht ein solcher Workshop-Tag das Verständnis füreinander sowie die Bereitschaft, Unterschiede als etwas Bereicherndes und Ergänzendes wahrzunehmen und nicht als etwas Trennendes.

Förderung des Netzwerkes

Für die Teilnehmer, insbesondere die Mentees, sind die anderen Teilnehmer im Programm interessante Ansprechpartner. Die Mentees sind meist in ähnlichen beruflichen Situationen und können sich auch untereinander interessante Gesprächspartner sein. Wir empfehlen, das Netzwerk der Mentees durch erste Veranstaltungen anzustoßen und bei ihnen ein Bewusstsein für den Gewinn zu erzeugen, den ein solches Netzwerk ihnen bieten kann. Dann sollte die Organisation in die Hände der Mentees übergehen, die entweder »Feuer fangen« und regelmäßige Treffen ins Leben rufen – oder zu organisierten Treffen eben nicht kommen.

Mentoren finden das Mentoring-Netzwerk erfahrungsgemäß bei den Rahmenveranstaltungen durchaus anregend. Die Erfahrung zeigt aber auch, dass sie meist zeitlich zu sehr in Anspruch genommen sind, um zu weiteren Netzwerk-Treffen zu kommen.

Mentoring in Verbindung mit Führungskräfte-Curricula für Mentees

Als sehr lohnend haben wir die Verknüpfung von Mentoring mit einer Weiterbildung für junge Führungskräfte erlebt.

Ein Beispiel dafür bietet das Programm »Führung live«, das seit 2002 im Allgäu läuft. Es bietet jungen Nachwuchs-Führungskräften in mittelständischen Unternehmen ein Workshop-Programm, das systematisch ihre Führungskompetenzen ausbaut: Workshops zur Persönlichkeitsbildung, zum Führen von

Mitarbeitern und Teams werden ergänzt durch Kleingruppencoaching. Jede Nachwuchs-Führungskraft bekommt von Anfang an einen Mentor an die Seite gestellt, mit dem die Umsetzung der in den Workshops gewonnenen Erkenntnisse in der Praxis diskutiert werden kann.

Der Transfer in die Praxis ist oft der Knackpunkt an Führungskräfte-Curricula, da der »Sog des Alltags« es ungemein erschwert, gewonnene Erkenntnisse und Einsichten umzusetzen. In diesem Programm können die Mentees mit den Mentoren besprechen, welche Ziele sie aus den Workshops mitgenommen haben und in welchen Situationen sie diese in die Praxis umsetzen können. Bei den auftretenden Schwierigkeiten in der Umsetzung können sie mit den Mentoren besprechen, wie dies einzuschätzen ist, und können Umgangsweisen damit erarbeiten. Das Zusammenspiel aus Impulsen und Feedback eines professionellen Trainers mit der Begleitung in der Praxis durch einen Mentor empfinden die Mentees als äußerst effektive Unterstützung. Begleitet wird die Netzwerkbildung für Mentees und Mentoren in diesem Programm durch ein »Führungsnetzwerk Allgäu«, in dem alle Teilnehmer des Programms sich in Veranstaltungen austauschen können.

2.6 Evaluation und Dokumentation

Die Evaluation von Mentoring-Programmen ist eine wichtige Möglichkeit, um zu erfahren, wie das Programm von den Teilnehmern angenommen wird und an welchen »Stellschrauben« es optimiert werden kann. Mögliche Vorgehensweisen hierbei sind:

Befragungen

- Mündliche Nachfrage bei den Mentees und Mentoren nach etwa drei Monaten, wie die Tandems ins Laufen gekommen sind. Erfahrungsgemäß haben die Tandems bis zu diesem Zeitpunkt ein gutes Arbeitsverhältnis gefunden. Tandems, die bis dahin keine gemeinsame Arbeitsroutine gefunden haben,

kann durch Anregungen der Programm-Manager durchaus noch geholfen werden. Oder es wird deutlich, dass das Tandem sich nicht versteht oder sich die Rahmenbedingungen so verändert haben, dass das Mentoring nicht funktioniert. Dann ist es zu diesem Zeitpunkt noch sinnvoll, das Tandem zu beenden und für den Mentee einen neuen Mentor zu suchen.
- Fragebögen bezüglich jedes Angebots aus dem Rahmenprogramm, um die unmittelbaren Eindrücke zu Trainern, Inhalten und Rahmenbedingungen einzuholen.
- Befragung der Tandems nach Abschluss des Programms durch strukturierte Interviews, die anschließend anonymisiert ausgewertet werden. Das gibt den Programm-Managern in der Regel am meisten Aufschluss über noch nicht funktionierende Aspekte ihres Programms. Fragebögen zur Auswertung des Gesamtprogramms sind unserer Erfahrung nach weit weniger aufschlussreich, da sie meist keine differenzierte Rückmeldung erlauben.

Wissenschaftliche Begleitung des Mentoring-Programms
Etliche wissenschaftliche Arbeiten beschäftigen sich derzeit mit der Umsetzung und dem Erfolg des Mentoring. Der Vorteil kann beidseitig sein: Die Organisation bekommt eine wissenschaftlich fundierte Evaluation einer Runde ihres Programms und ein Student Einblicke in die Praxis der Personalentwicklung. Allerdings ist hier entscheidend, ob die wissenschaftliche Betreuung effektiv und sachkundig ist. Dies sollte im Vorfeld so gut wie möglich geklärt werden. Zu oft haben wir die Erfahrung gemacht, dass sich scheinbare Großzügigkeit und Flexibilität in nachgeschobene Restriktivität und Wankelmut verwandelt haben. Problematisch daran ist, dass Konflikte meist auf dem Rücken der Studenten ausgetragen werden.

Dokumentation
Das Konzept, die Umsetzung, gewonnene Erkenntnisse und Ergebnisse der Evaluation sollten dokumentiert und bewahrt

werden. Häufig wechselt die Verantwortlichkeit für ein solches Programm innerhalb der Organisation, und die Nachfolger müssen dann wieder gänzlich von vorne anfangen, sich in das Programm einarbeiten, und ohne entsprechende Dokumentation wiederholen sie häufig die Fehler ihrer Vorgänger. Das stößt bei den Teilnehmern auf Unverständnis und kostet unnötig viel Zeit und Geld. Gute Dokumentation ermöglicht den reibungslosen Übergang des Programm-Managements. In großen Organisationen arbeiten oft verschiedene Stellen an Mentoring-Programmen, etwa eine Abteilung an einem Mentoring für Studenten, um guten Nachwuchs für das Unternehmen zu akquirieren, und eine andere Abteilung organisiert ein Mentoring für junge Führungskräfte. Wir haben beobachtet, dass diese Stellen oft getrennt voneinander vorgehen und nicht von gegenseitigen Erfahrungen oder Dokumentationen profitieren. Der interne Austausch und Zugriff auf schriftliche Dokumentationen ist nicht nur zeit- und kostensparend, sondern ermöglicht es den Teilnehmern, sich in Programmen zu engagieren, die von einem einheitlichen Mentoring-Begriff ausgehen und ein einheitliches Vorgehen anbieten.

3 Ausblick: Generationendialog als Möglichkeit der gesellschaftlichen Entwicklung

Unserer Auffassung nach wird Mentoring noch in weit größerem Rahmen Nutzen stiften, als es bisher gesehen wird. Zwar gibt es bereits gesellschaftliche Initiativen, die Jüngere und Ältere zusammenbringen und einen Generationendialog ermöglichen, doch kann dies noch in weit größerem Maße geschehen und durch unterstützende Maßnahmen noch optimiert werden.

Das Interesse an der Lebenserfahrung anderer ist gerade bei den Menschen hoch, denen es aufgrund Bildung, Alter oder mangelnder Erfahrung – an Orientierung und Urteilsvermögen – fehlt. Viele Menschen fühlen sich alleine gelassen und verloren, weshalb sie zu unkritischen Orientierungen neigen (extremen politischen Strömungen, übermäßigem Konsum, Unterwerfung an manipulative Heilsbringer oder Sekten). Sie neigen dazu, an falschen oder unerreichbaren Vorbildern (»Stars«) Maß zu nehmen. Oder sie erfinden das Rad neu, weil sie nicht wissen, was es schon gibt. Menschen brauchen »Beispiele zum Anfassen«, wenn daraus für das eigene Leben gelernt werden soll. Sie brauchen das aufrichtige Gespräch miteinander.

Ohne eine gewisse Schulung und nachhaltige Pflege einer förderlichen Gesprächskultur und den Erwerb kommunikativer, intuitiver und emotionaler Kompetenzen scheitern viele gut gemeinte Versuche des Generationenaustauschs und erzeugen vielmehr wechselseitige Enttäuschung. Deshalb braucht es nicht nur Initiativen, die Jung und Alt zusammenbringen, sondern die sich auch für die Begleitung des Prozesses verantwortlich fühlen und unterstützende Angebote machen können. Vorhandene gesellschaftliche Einrichtungen können hier als Kristallisationspunkte hilfreich sein (Volkshochschulen, Bildungseinrichtungen, Vereine, Bürgerstiftungen). So bestehen Weiterbildungen für Senior-Experten, in denen Menschen ihre Berufstätigkeit bilanzieren und Formen entwickeln, wie Erfahrung neuem gesellschaftlichem Engagement zugutekommen kann (Schmid u. Hohr 2007a). Wir glauben, dass sich viele Menschen zu solchen Initiativen einladen lassen und angebotene Formen nutzen würden. Es würde ein gesellschaftlicher Nutzen für andere und für die eigene Person gestiftet und ein Gefühl von generationsübergreifender Solidarität bei allen Unterschiedlichkeiten der jeweiligen Lebensbedingungen gestärkt. Im Austausch mit Gleichgesinnten würden neue Werte vermittelnde Vernetzungen und Gemeinschaften entstehen. Die erworbenen Kompetenzen könnten in andere gesellschaftliche Bereiche hinein »ausstrahlen«.

Umsetzung von Projekten zur Förderung des Generationendialogs

Es wäre vorstellbar, dass etwa Volkshochschulen oder Bildungsträger Projekte zum Generationendialog einrichten und Schulen, Akademien für Ältere, Jugendzentren, Vereine oder private Gruppierungen zur Mitwirkung einladen:

- Zunächst würde für die Idee geworben und Menschen würden zum Mitmachen eingeladen werden. Mitmachen bedeutet gemeinsames Lernen, sich einer gewissen Schulung und Supervision zu stellen und in Projekten unentgeltlich zur Verfügung zu stehen. Im Wesentlichen sollte ein solches System längerfristig auf »Realtauschbasis« funktionieren, bei eventueller Finanzierung einer schlanken Administration.
- Dann würde (durch Sponsoren gefördert) eine Basis-Schulung in Mentoring und Projektbetreuung absolviert (3 mal 2 Tage), um zu verstehen, welche Erfahrungen, Kompetenzen, Anforderungen und Bereicherungen ein weiteres Engagement mit sich bringen würde. Zumindest anfänglich müssten im Mentoring erfahrene Professionelle eingesetzt werden. Sie würden auch moderne professionelle und wissenschaftliche Gesichtspunkte einbringen können, damit das Ganze nicht in gewohnten Reflexen mündet. Ihnen käme in der Schulung,

durch Supervision und beim Aufbau einer generationenübergreifenden Dialogkultur eine kulturaufbauende Funktion zu. Erfahrungsgemäß sind mehr nachhaltige und in vielfältiger Weise komplementäre Hilfestellungen notwendig, als gemeinhin angenommen wird, bis eine sich selbst tragende Kultur entsteht. Es geht nicht nur um Ideen und Methoden, sondern um nachhaltige konkrete Verwirklichung. Professionelle aus verschiedenen Gesellschaftsbereichen, etwa aus der Wirtschaft oder aus der Beratung, könnten gewonnen werden, die neben ihrer beruflichen Tätigkeit auf diese Weise einen gesellschaftlichen Beitrag leisten wollen und können, indem sie ihr Know-how einbringen. Dies wäre auch ein Beitrag, um in Unternehmen gesellschaftliche Zusammenhänge und eine gesamtgesellschaftliche Verantwortung im Bewusstsein zu halten. Es gibt schon Initiativen, bei denen Manager für eine Zeit in Sozialeinrichtungen tätig sind, um einer Einseitigkeit ihrer Lebensperspektiven, die auch für Unternehmen nachhaltig schädlich sind, entgegenzuwirken. (Allein im Netzwerk des ISB-Wiesloch ständen über 2500 ausgebildete Professionelle zur Verfügung, von denen sich viele mit ihrer Kompetenz auch ehrenamtlich engagieren würden, wenn das Projekt überzeugt.)

- Länger Mitwirkende könnten zu Mentoren und/oder Projektbetreuern weitergebildet werden. Organisatorische Kompetenzen, Engagement und Augenmaß als Senior-Experten und besondere Befähigung zum Dialog fallen nicht immer zusammen, müssen aber beieinanderbleiben, damit alles vom gleichen Geist getragen wird und nicht in Dialogarbeit, Expertentum und Administration zerfällt. Harte und weiche Faktoren müssen dieselbe Kultur transportieren.
- Schon früh in der Initialphase sollten Gesprächspartner als spätere »Kunden« einbezogen werden, mit denen gemeinsam tragfähige Beziehungs- und Arbeitsformen entwickelt werden. Weitere Kompetenzen werden gemeinsam am Beispiel von Dialogen und Projektgestaltungsmaßnahmen erworben, damit sich die Schulung gar nicht erst verselbstständigt und

nachher sogenannte »Transferprobleme« entstehen (ein negatives Beispiel: Schülermentorenschulung durch Psychologen ohne praktische und organisatorische Einbindung in den Schulalltag).

Kaskadenprinzip

Denkbar wäre z. B., dass folgende Gruppen gemeinsam eine Mentoring-Schulung machen und Projekte aufsetzen. Wahrscheinlich sind regionale und nur bei besonderem Know-how überregionale Projekte am sinnvollsten:

1. Menschen, die Lebens- und Berufserfahrung zur Verfügung stellen und sich noch neue Wissensgebiete, aber auch gesellschaftliche Mitwirkung und interessante neue Beziehungen erschließen wollen. Dies dürfen, ja müssen vielleicht Menschen sein, die nicht zu sehr im Dauerbetrieb eines Projekts eingespannt sein wollen, also die zweite Gruppe (siehe unten) unterstützen, aber nicht kontinuierlich in der Pflicht sein wollen. Salopp gesprochen sind Menschen gemeint, die »den Karren nicht ziehen wollen« aber bereit sind, gelegentlich nebenher zu gehen und denen, die ihn ziehen, mit Rat und Erfahrung zur Verfügung zu stehen.
2. Menschen, die mitten im Leben stehen und »den Karren ziehen wollen oder müssen«, die aber zur Horizonterweiterung (z. B. im Management, in der Technik oder im Finanzsektor Tätige) oder um neben der Familie im gesellschaftlichen Leben aktiv zu sein, weitere Kompetenzen erwerben wollen (wie z. B. Mütter in oder nach der Kinderphase). Sie bekämen zusätzliche Qualifikationen, weitere gesellschaftlich anerkannte Rollen und eine Zugehörigkeit und wären verantwortliche Projektträger im Umgang mit der dritten Gruppe (siehe unten).
3. Junge Menschen, die neben der Schule, in der Übergangszeit in die Arbeitswelt, neben der Arbeit, neben der Familie, im Umgang mit beruflichen und privaten Lebensfragen Dialogpartner brauchen können, die ohne eigene Interessen zur Ver-

fügung stehen. Sie sollten aber nicht nur »betreut« werden, sondern auch etwas zurückgeben – von Interesse an gesellschaftlicher Erfahrung, Lebensgeschichte und -einstellungen der Dialogpartner bis hin zu Mitwirkung, sei es durch Weitergabe von Erhaltenem oder praktischer Mitwirkung oder persönlicher Gegenleistung (z. B. Computerunterricht und Hilfestellung mit Technik).

Solche Projekte können sich zu Selbstläufern entwickeln, wobei das Kunststück der dezentralen Eigensteuerung bei gleichzeitiger zentraler Pflege der Grundidee und der Kulturprinzipien gelingen muss. Ein Problem, für das es auch in anderen gesellschaftlichen Organisationen noch wenig überzeugende Modelle gibt.

Im Falle des Gelingens würde dieses Kulturprojekt viele Menschen derart sozialisieren, dass dies Spuren in unserer Gesellschaft hinterlässt und die so geprägten jüngeren Menschen später in den anderen Rollen dabeibleiben bzw. als Förderer dieser Kultur in ihrem Umfeld wirken. Auch könnten sich Partnerschaftstraditionen entwickeln, z. B. zwischen bestimmten Unternehmen und sonstigen bestimmten gesellschaftlichen Gruppen, und so könnte der Abkapselung der gesellschaftlichen Verantwortung entgegengewirkt werden, ohne dass die jeweiligen Eigengesetzlichkeiten vermischt werden.

Man könnte solche Dienstleistungen auch von einer von regionalen Unternehmen getragenen »Agentur für Mentoring und Expertise-Sharing« (Recherche, Expertise und Beurteilung, Austausch und Supervision) anbieten lassen, für die diese »Ausbildung in Mentoring und Expertise-Sharing« eine Schulung darstellt – einmal bezüglich Konfiguration eines brauchbaren Designs und einer Darstellungsoberfläche, zum anderen bezüglich der bereichernden kollegialen Supervisionskommunikation. Die Agentur kann ein spezielles Angebot machen, wie die Dinge für das auftraggebende Unternehmen verkoppelt werden können.

Hinweise auf Mentoring-Programme

- Eine Beschreibung von Mentoring-Projekten, an denen die Autorin mitgearbeitet hat, ist zu finden unter: *www.nelehaasen.de.*
- Informationen über die Qualifikation zum »Senior Expert« am Institut für systemische Beratung sind zu finden unter: *www.systemische-professionalitaet.de.*
- Informationen zum Programm »Führung live« – Führungskräfte-Schulung verbunden mit Cross-Mentoring für mittelständische Unternehmen im Allgäu: *www.prokulturteam.de.*
- Informationen zu Cross-Mentoring-Programmen speziell für Frauen, zum Beispiel Cross-Mentoring München: *www.crossconsult.biz* oder *kontor 5.*
- Beispiel für das Mentoring-Programm eines Verbandes: Mentoringprogramm des Deutschen Journalistenverbandes Nordrhein-Westfalen: *www.djv-nrw.de*, Link zu Mentoring-Programm.
- Beispiel für Mentoring für Frauen als Existenzgründerinnen: *www.set-hessen.de.*
- Beispiele von Mentoring-Programmen in Unternehmen und Organisationen auch im (vergriffenen) Buch von Nele Haasen (2001): Mentoring. Persönliche Karriereförderung als Erfolgskonzept. München (Heyne) – Download der Buch-Datei von der Homepage *www.nelehaasen.de.*
- Beispiele von Mentoring-Programmen im Buch von S. Peters u. a. (2006): Flankierende Personalentwicklung durch Mentoring II.

Literatur

Dehner, R. u. U. (2007): Schluss mit diesen Spielchen! Manipulationen im Alltag erkennen und wirksam dagegen vorgehen. Frankfurt a. M. (Campus).

Hüther, G. (2009): Bedienungsanleitung für ein menschliches Gehirn. Göttingen (Vandenhoeck & Ruprecht).

Hüther, G. (2011): Was wir sind und was wir werden könnten. München (Piper).

Peters, S. u. a. (2006): Flankierende Personalentwicklung durch Mentoring II. Mering (Rainer Hampp).

Schmid, B. (2004): Systemisches Coaching – Konzepte und Vorgehensweisen in der Persönlichkeitsberatung. Band II der Handbuchreihe Systemische Professionalität und Beratung. Bergisch-Gladbach (Edition Humanistische Psychologie).

Schmid, B. u. A. Messmer (2005): Systemische Personal-, Organisations- und Kulturentwicklung. Band III der Handbuchreihe Systemische Professionalität und Beratung. Bergisch-Gladbach (Edition Humanistische Psychologie).

Schmid, B. (2006): Mentoring and Expertise-Sharing – an integrated approach. Artikel anlässlich der 13. Jahreskonferenz des European Mentoring and Coaching Council (EMCC). 1.–3.11.2006, Köln.

Schmid, B. (2006): Generationendialog durch Mentoring als Maßnahmen gesellschaftlicher Entwicklung. Newsletter des Coaching-Magazins, Ausg. 5/2006–7/2006. Hrsg. von Christopher Rauen.

Schmid, B. (3/2007): Systemische Professionalität – Mit Menschen für Menschen wirtschaften! ISB-Paper 127.

Schmid, B. u. K.-D. Hohr (2007a): Senior-Experten und andere Antworten auf die demografische Entwicklung in der Rhein-Neckar-Region. In: G. Happe (Hrsg.): Demografischer Wandel in der unternehmerischen Praxis. Mit Best-Practice-Berichten. Wiesbaden (Gabler).

Schmid, B. u. C. Gérard (2011): Mein Beruf, meine Organisation und ich. Bergisch-Gladbach (Edition Humanistische Psychologie).

Stöger, H., A. Ziegler u. D. Schimke (2009): Mentoring: Theoretische Hintergründe, empirische Befunde und praktische Anwendungen. Lengerich (Pabst).

Wewer, K. (2009): Personalentwicklung durch Mentoring: Wie Unternehmen und Organisationen das Lernen der Akteure besser verstehen und für sich nutzen können. Hamburg (Diplomica).

Über die Autoren

Bernd Schmid, Dr. phil., studierte Wirtschaftswissenschaften und promovierte in Erziehungswissenschaften und Psychologie; Lehrtrainer der internationalen Transaktionsanalyse-Gesellschaft und anderer Gesellschaften im Bereich Psychotherapie, Coaching, Supervision, systemische Beratung sowie Organisations- und Personalentwicklung; Gründer und Leiter des Instituts für systemische Beratung in Wiesloch (seit 1984). Bernd Schmid ist Mitgründer und Vorsitzender des Präsidiums des Deutschen Bundesverbands Coaching (DBVC), Gründer und langjähriger Vorsitzender der Gesellschaft für Weiterbildung und Supervision (GWS) sowie Mitgründer des forum humanum. Zahlreiche Veröffentlichungen in Schrift und Ton; 2007 Preisträger des Eric Berne Memorial Award der International Transactional Analysis Association (ITAA).

Nele Haasen, Diplom-Journalistin, seit 1997 freiberufliche Trainerin und Beraterin; mehrjährige Ausbildungen in Transaktionsanalyse, Konfliktmanagement, systemisches Beraten; Master am Institut für Systemisches Beraten, Wiesloch; zertifizierter CAPTain-Online Advanced Coach. Arbeitsschwerpunkte: Beratung von Unternehmen und Organisationen bei der Einführung von Mentoring-Programmen, Schulungen für Mentoren und Mentees, Führungskräfte-Entwicklungen, Teamentwicklungen, Coaching.

Andrea Ebbecke-Nohlen

Einführung in die systemische Supervision

126 Seiten, 8 Abb., Kt, 2009
ISBN 978-3-89670-462-7

Andrea Ebbecke-Nohlen führt mit diesem Buch kompakt und praxisbezogen in die systemische Supervision ein. In 12 überschaubaren Kapiteln erläutert die Autorin anschaulich die theoretischen Wurzeln und die praktische Anwendung dieser Beratungsform.

Zu Beginn beleuchtet die Autorin die allgemeine Entwicklung von Supervision und geht dann auf die besonderen Charakteristika, die Funktionen und die Leitideen der systemischen Supervision ein. Charakteristische systemische Supervisionshaltungen und -methoden werden mit Beispielen aus unterschiedlichen Kontexten vorgestellt. Überlegungen zu einer Ethik systemischer Supervision beschließen die Einführung.

„Wer sich, aus welchem Grund und in welchem Kontext auch immer, mit Supervision befasst, sollte dieses Buch anschaffen – er/sie wird es mit Gewinn lesen!“ www.socialnet. de

Carl-Auer Verlag • www.carl-auer.de